小小米桶的廚房教科書

152 個廚房 Q&A
845 個精準 step

善用小家電
單身料理輕鬆 × 全家享用滿足！

出版菊

目錄　　　　　　Content

10　節省空間的萬能平底鍋

84　零油煙最健康，什麼料理都能做的電子鍋

❶ 每道都有材料、做法，更詳細列出料理份量

❷ 分類：依單元分類介紹，方便查閱。

❸ 注意Note！每個步驟需要特別注意的地方，統統告訴您！

❹ 料理名稱以及應用訣竅：如何讓這道料理更成功的必讀TIPS！

❺ 小米桶的貼心建議：讓您100%精準掌握所有步驟，美味料理
　　　　　　　　　　大成功！

❻ 快速索引！按照食材分類，馬上找到您需要的答案！

本書的注意事項

● 適量：依個人口味喜好所用的份量
　少許：略加即可。

● 調味料中的醬油鹹度會因品牌的不同，導致成品口感的差異，請
　以家中的醬油鹹度來調整用量，以避免過鹹，或是鹹度不夠。

● 高湯＝以大骨或雞肉所熬煮的湯，也可以利用市售高湯，或以清
　水加高湯塊來取代。

本書的計量

● 材料標示中，1杯＝240毫升、
　1大匙＝15毫升、1小匙＝5毫升。

● 1台斤＝600公克、1公斤＝1000公克。

瞭解料理過程中「廚房的 Q & A」，善用小家電，單身料理輕鬆，全家享用滿足！

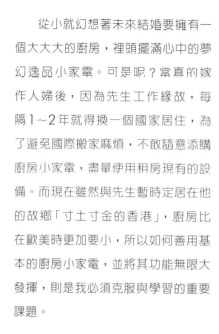

從小就幻想著未來結婚要擁有一個大大的廚房，裡頭擺滿心中的夢幻逸品小家電。可是呢？當真的嫁作人婦後，因為先生工作緣故，每隔 1～2 年就得換一個國家居住，為了避免國際搬家麻煩，不敢隨意添購廚房小家電，盡量使用租房現有的設備。而現在雖然與先生暫時定居在他的故鄉「寸土寸金的香港」，廚房比在歐美時更加要小，所以如何善用基本的廚房小家電，並將其功能無限大發揮，則是我必須克服與學習的重要課題。

萬能又不佔空間的平底鍋只能煎蛋炒菜嗎？家家廚房都少不了的電鍋、電子鍋永遠只是煮米飯？無法控溫的小小烤箱偶爾烤烤吐司？快速便利的微波爐只用來熱剩菜？不不不……其實這些家中基本的小家電也是有很多異想不到的用法喔！現在就讓小米桶與大家分享這些小家電的使用經驗吧！

2012 年出版的「238 個料理的為什麼？小小米桶的不失敗廚房」受到讀者熱烈的迴響與肯定，甚至於在網路書店的讀者評鑑中克拉拉小姐留下：「因為想要學做菜看了一些食譜，這本是唯一讓我感覺到做菜時好像有人在一旁指導的，對於初學者來說做菜很多細節是遇到才會知道，甚至是做完以後才發現，真是呼應到作者開頭寫的那句"The devil is in the details"」。讓小米桶深深的感動與感謝，這也表示出版社與我的用心，大家都感受到了，所以 2014 年小米桶的新書也將延續相同的風格。

看似不起眼的「小細節」卻是絕對不可遺漏的「大關鍵」，瞭解料理過程中「廚房的 Q&A」，善用小家電，單身料理輕鬆，全家享用滿足！每道菜都有清楚易懂的步驟圖片，方便閱讀；每張圖除了對應的做法外，更加入關鍵的重點與注意 Note，跟著食譜書製作的讀者朋友們，絕對都可以在毫無疑惑的情況下，端上盤盤佳餚，零失敗！大成功！

新書進行排版時還跟總編開完笑的說「怎麼辦？書一年比一年還要厚了啦」。因為用心啊！想把知道的、該說的通通貪心的放進書裡，希望每一位讀者朋友們都能喜歡，覺得值得擁有。

最後要感謝，出版社的編輯團隊們，辛苦大家了，我們的認真與用心，讀者朋友們一定會再次感受到。

剡審大哥，在我拍照後期不小心摧壞鏡頭時，一話不說的借出堪稱與老婆同等重要的心愛相機，讓這本書順利完成。

我最親愛的先生「老爺」，謝謝他繼續當任大家的試菜小白老鼠，還要忍受忙到無法共同維持家裡整潔，得自己一肩扛起家務。

還要謝謝讀者朋友們，一直以來對小米桶的肯定與支持，謝謝大家喔！

作者簡介

暢銷食譜部落客 --- 吳美玲

全職家庭主婦，業餘美食撰稿人
跟著心愛丈夫(老爺)愛相隨的世界各國跑
廚齡10年，在廚房舞鍋弄鏟的日子比
睡眠時間還長
2005年「小小米桶的寫食廚房」在
無名小站開站，2013年轉移至
mitongwu.com/ 自架網站
著有：暢銷食譜「238個料理的為什麼？
小小米桶的不失敗廚房」(2012)、
「小小米桶的超省時廚房：88道省錢又
簡單的美味料理，新手也能輕鬆上桌！」
(2011)、「小小米桶的無油煙廚房：
82道美味料理精彩上桌！」(2010)、
「新手也能醬料變佳餚90道：小小米桶的
寫食廚房」(2009)

最希望的是 ---
同心愛的老爺一起環遊全世界

最喜歡的是 ---
窩在廚房裡進行美食大挑戰

最幸福的是 ---
看老爺呼嚕嚕的把飯菜吃光光

平底鍋
萬能又不佔空間

只要一個平底鍋，無論煎、煮、蒸、炸，各種料理都能搞定喔！
平底鍋是我廚房中最最重要的廚具之一，與一般炒鍋相比較，
平底鍋受熱面積大、導熱均勻，烹調時間短，既不沾黏，又少油煙。

煎

導熱性佳，可以讓食材均勻受熱的煎出酥脆的效果，比如：煎魚、嫩煎豬排、雞腿排，或是煎餃鍋貼都能發揮極大的效力，若是不沾的材質，只需少少的油就可以煎得很漂亮，完全不燒焦，非常的低脂健康。

炒

平底鍋的受熱面積大、導熱均勻，相對可縮短烹調的時間，所以很適合利用強火在短時間內加熱，讓食材的水份快速蒸發，快炒的訣竅就是食材的大小要盡量一致，並且調味料預先準備好，或是調配好後再一次下鍋。

煮

用平底鍋烹煮稍帶湯汁的料理最適合不過了，因為鍋底面積大，受熱均勻，可以讓食材快速變熟，比如：用平底鍋做炊飯，只要先將米與配料拌炒過，就能縮短煮成米飯的時間喔！

燉

用平底鍋做2人份的燉滷料理最方便，因為鍋面寬又淺，短時間就能濃縮醬汁，快速達到入味，而且食材不會重疊，煮透的時間較一致，味道也比較均勻，可以一邊燉煮一邊用湯匙淋上湯汁，或是用一張烘焙紙覆蓋在食材上面，幫助湯汁對流，加速熟成與入味。

蒸

就算沒有蒸鍋也能利用平底鍋加上剛好密合的鍋蓋來進行，而且還能以半煎半蒸的方式進行烹調，比如：水煎包或煎餃，先用少許油將底部煎焦後，倒入清水再蓋上鍋蓋大火蒸煮，就能利用水蒸氣將包子、餃子蒸熟。

炸

平底鍋的鍋面寬又淺，只需要深度約1～2公分高的油量，一邊炸一邊淋熱油在食材上，就能達到酥炸的效果，但因為油溫很容易就達到高溫，所以不建議使用不沾材質的平底鍋。建議可用不鏽鋼或鐵為材質的平底鍋來進行油炸。

平底鍋的選購

只要是稍有點深度約5公分~6公分的平底深煎鍋，除了基本的煎炒，連燉煮蒸炸都能勝任喔！再依家中人口來選擇鍋子的大小，比如：2~4口之家，只需直徑24~26公分的鍋。

不沾材質平底鍋的使用注意事項

● 使用時不要高溫空燒到冒煙，或是用來當做油炸鍋。

● 不要用鐵鏟、鐵匙在鍋裡翻來炒去，或是在鍋內切碎食材，也不要用來炒帶骨、帶殼的食材，以避免翻炒過程中刮花鍋子。

● 清洗時，用海綿即可，勿用硬質菜瓜布、鐵刷，還有使用完不要馬上把熱熱的鍋子拿到冷水底下清洗，因為強烈的冷熱對比，會耗損鍋子的壽命喔。

● 使用時爐火勿開過大，既浪費瓦斯，也容易不小心燒到手把，爐火以不超過鍋底的2/3即可。

平底鍋的使用小秘訣

落蓋
將烘焙紙或是鋁箔紙裁成跟鍋口直徑差不多大小的圓形，並在上面裁幾個小洞做為氣孔，冉覆蓋在食材上，幫助加速食材的入味，以及縮短烹煮時間。

蒸物時鍋底墊紙巾
用不沾鍋來進行蒸的動作時，在鍋底墊上一張廚房紙巾或棉布，可防止盛裝器皿或蒸架刮花鍋底。

肉末雞蛋捲

雞蛋捲一直深受大人小孩的喜愛，
只要有平底鍋就可以製作，
不一定非得用到專門煎蛋捲的方形鍋子喔。

材料 2～3人份

豬絞肉 …… 100公克
洋蔥 …… 4大匙
蒜頭 …… 1瓣，切碎

蛋液材料

雞蛋 …… 6顆
清水或高湯 …… 2大匙

肉末調味料

醬油 …… 2小匙
米酒 …… 1小匙
糖 …… 1小匙
白胡椒粉 …… 少許
太白粉 …… 1小匙

1

熱油鍋，先將蒜末、洋蔥碎炒香，再加入絞肉

2

翻炒至8分熟，再倒入預先混合均勻的肉末調味料

3

拌炒至收汁，即成為雞蛋捲的內餡，備用

4

將所有蛋液材料混合均勻
若要蛋捲口感好，則蛋液只需上下左右來回劃幾十下，也就是還保有明顯的蛋白與蛋黃；若想蛋捲色澤均勻漂亮，則將蛋白與蛋黃混合均勻

5

平底鍋以中小火加熱，利用廚房紙巾沾少許沙拉油，均勻的抹在鍋內
油直接倒入鍋內的方式會讓蛋煎的不平均，也會因為油量過多而不易捲起

6

等鍋熱之後，倒入1/3份量的蛋液，搖動鍋面讓蛋液均勻分布，等蛋液呈現半熟的狀態，放入做法3的肉末
用筷子沾少許蛋液放入鍋中，若馬上凝固，則表示鍋已燒熱，可以倒入蛋液

7

接著包捲起來
Note 捲的時候稍有難度，可以先把爐火關掉，以筷子、鍋鏟輔助手慢慢的捲，捲好再重新開火，繼續下一個步驟

8

在空出的鍋面上，再次用廚房紙巾沾少許沙拉油抹均勻
Note 每一次倒入蛋液之前，鍋內都要抹上油

9

再倒入1/3份量的蛋液
Note 蛋液倒入後，可將蛋捲稍稍抬起，讓蛋液流進蛋捲底部

10

待蛋液呈現半熟狀態，即可再次將蛋捲包捲起來

11

續重複做法8、9、10的動作，將剩下的蛋液倒入鍋內，將蛋捲包捲起來

12

起鍋後，用鋁箔紙包捲起來，等降溫後再打開分切小段，即完成肉末雞蛋捲
鋁箔紙包捲除了可以定型，還能將內部未熟的蛋液持續燜熟

〇
〇 **小米桶的貼心建議**

◎ 肉餡的肉末可以自由變化，比如：炒或燙熟的蔬菜、玉米粒、火腿腸、肉鬆、起司
◎ 炒熟的肉末也可以拌入蛋液，再煎成蛋捲

小黃瓜豬肉捲

小黃瓜生吃可以品嚐到輕脆的口感，
熱炒時搭配肉類又是另一種不同的風味，
我很喜歡小黃瓜炒豬肉所呈現出來的滋味喔！

材料　2～3人份

小黃瓜 ……1～2根	蒜頭 ……2瓣，切片
五花肉薄片 ……12片，	太白粉 …… 適量
長20～22公分	鹽和黑胡椒粉 …… 適量

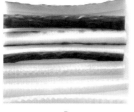

1

將小黃瓜切成12等份的
條狀，每份長10～12公
分，粗0.7～1公分，再
把中間的芯切除
將小黃瓜芯切除，煎好的豬
肉捲不易出水，口感也會脆
脆的。此方法可應用在各種
小黃瓜料理

2

取一根小黃瓜條與肉片，
在肉片表面撒上少許鹽和
黑胡椒粉，並在前端抹上
太白粉，再包捲住小黃瓜
Note 肉片的起端要在捲第
二圈時要被包捲住，這樣
可以防止起端鬆開

3

捲至末端時肉片也要再撒
上太白粉，並將末端的肉
塞進有被包捲部份，以作
固定
Note 太白粉可幫助肉與小
黃瓜的黏合

4

續將所有小黃瓜條與肉片
包捲完畢

4

熱鍋，放入少少的油，將
末端收口處朝下排入鍋內
收口處朝下，可以防止煎的
過程中，因受熱而鬆開

5

底面煎至上色時，再翻面續
煎，並撒入蒜片煎出香氣

6

等肉捲煎熟後，撒上適量
的鹽和黑胡椒粉，即完成

小米桶的貼心建議

小黃瓜可替換成蘆筍、
金針菇、或是燙半熟的
四季豆與紅蘿蔔

老北京雞肉捲

煎出外酥內柔軟的蔥油餅撇步
冷凍蔥油餅本身已富含有油脂，煎時不用再加油，
只要以不沾鍋蓋上鍋蓋的方式，
就能讓蔥油餅煎至酥香。

烤箱炸雞：**3份雞肉捲**

雞柳 ……3 條
清水 ……150 毫升
鹽 ……1 小匙
米酒 ……1 大匙
蒜頭 ……2 瓣，切碎
白胡椒粉 ……1/4 小匙

炸雞外層裹衣
麵包粉 ……40 公克
炒菜油 ……2 大匙
麵粉 …… 適量
雞蛋 ……1 顆

捲餅材料
冷凍蔥油餅 ……3 片
雞蛋 ……3 顆
小黃瓜 ……1 條

抹醬
甜麵醬 ……2 大匙
糖 ……1 又 1/2 大匙
香油 ……1/2 小匙
水 ……2 大匙
※ 預先放入鍋中煮至稍微濃稠，成為抹醬

1

雞柳加入清水、鹽、米酒、蒜頭、白胡椒粉醃約 40 分鐘，備用
利用鹽水的滲透壓原理，讓水份進入肉的組織裡頭，肉質會更鮮嫩不乾澀喔！也很適合應用在全瘦的豬肉

2

麵包粉放入鍋中小火炒至呈現淡黃色，盛起，再加入炒菜油混合均勻，備用
Note 麵包粉不可炒過於金黃，否則進入烤箱後很快就會烤焦囉

3

將醃好的雞肉擦乾水份，均勻的沾上麵粉，再沾裹蛋液

4

再壓裹上做法 2 的麵包粉

5

將雞肉排入墊有烘焙紙或鋁箔紙的烤盤，放入已預好熱的烤箱，以攝氏 200 度烤約 10～12 分鐘，即完成烤箱炸雞，備用

6

小黃瓜切成與蔥油餅直徑差不多的條狀；烤箱炸雞對半切開，備用
Note 剛烤好烤箱炸雞稍等降溫後才可切開，否則肉汁會跑光光

7

取不沾鍋，不需放油，直接放入冷凍蔥油餅，並蓋上鍋蓋，以中小火加熱
冷凍蔥油餅已含有油脂，煎時不用加油，只要用不沾鍋並蓋上鍋蓋，就能煎至酥香

8

加熱至蔥油餅底部上色，再翻面，續蓋上鍋蓋，煎至微金黃
Note 蓋鍋蓋可保留蔥油餅的水份，不煎至乾硬

9

將蔥油餅暫時取出，並倒入1小匙的油，再將1顆蛋打散，並倒入鍋中邊倒邊搖晃鍋子，讓蛋液分佈均勻

10

趁蛋液還未凝固前，迅速的將先前煎的蔥油餅放上，續煎至蛋熟

11

翻面，讓有蛋的那面朝上，加入1大匙清水
在鍋裡加入清水快速收乾，就能讓蔥油餅煎至外酥內柔軟，就像攤販賣的那種蔥油餅口感喔

12

蓋上鍋蓋，轉中大火煎約30秒

13

再開鍋蓋，讓鍋裡的水份完全收乾，並一直轉動蔥油餅，讓底部的餅皮均勻煎至酥香。續將另2份蔥油餅，以相同方式煎製完成

14

取一片蔥油餅，均勻的塗上抹醬，放上雞肉、小黃瓜，再邊捲邊往回收緊的將餅捲好
Note 捲時往回收緊，捲餅才不易鬆散開來

15

開口朝下，並用刀分切2～3小段，即完成老北京雞肉捲
Note 可將切小段的雞肉捲插入牙籤固定

小米桶的貼心建議

◎ 雞柳可替換成去骨雞腿肉，但需先切成條狀再烤

◎ 若是將雞肉替換成滷牛腱，就是牛肉捲餅囉

◎ 剩下的抹醬，可以用來當小黃瓜生吃的蘸醬，滋味還挺不錯的喔；或是用來炒肉絲，即為京醬肉絲

茄汁玉米焗飯

用平底鍋將米飯與配料拌炒好之後，
直接撒上起司絲加熱至溶化，
就能一鍋到底迅速完成美味的焗飯囉！

材料　2人份

豬絞肉 ……100公克
洋蔥 ……1/2個，切丁
蒜頭 ……1瓣，切碎
罐頭玉米粒 ……1/2罐
米飯 ……3碗
起司絲 …… 適量
蔥花 …… 適量
黑胡椒粉 …… 適量

調味料

番茄醬 ……4大匙
醬油 ……1小匙
糖 ……1大匙
清水 ……3大匙

1

熱油鍋，先爆香蒜末，再放入絞肉炒至半熟

2

再放入洋蔥丁翻炒至熟軟，並散發出香味

3

接著放入玉米粒與預先混合均勻的調味料翻炒均勻

4

再放入米飯拌炒均勻
若使用冷藏隔夜的米飯會有粒粒分明的效果

5

再撒入蔥花拌勻

6

撒上起司絲，蓋上鍋蓋，以小火加熱至起司溶化
Note 熄火前可轉成大火加熱幾十秒，鍋子底部就會產生酥香的鍋巴

7

起鍋前再撒上蔥花與黑胡椒粉，即完成茄汁玉米焗飯

小米桶的貼心建議

◎煎餅的泡菜，若能使用梗的部位越多越好

◎也可以在麵糊裡放入洋蔥細絲增加風味

韓國泡菜煎餅

韓國人下雨天習慣要吃煎餅，
第一次聽到這個說法時，
覺得韓國人好浪漫啊！吃東西也這麼搞氣氛，
經過韓國友人解說才知道，原來是下雨的時候，
不能去外面玩，為了安撫小孩，
媽媽就會在家裡煎些餅給孩子吃，
到後來演變為傳統習俗。

材料　2～3人份

豬絞肉 ……120公克
韓國泡菜 ……200公克
韭菜 ……1小把

麵糊材料

中筋麵粉 ……120公克
雞蛋 ……1顆
蒜末 ……1小匙
泡菜擠出的汁液 ＋
　　清水 ……120毫升

絞肉調味料

醬油 ……1小匙
米酒 ……1/2小匙
白胡椒粉 …… 少許

蘸醬

醬油 ……1大匙
香醋 ……2小匙
糖 ……1/4小匙
冷開水 ……1人匙
芝麻油(香油)
　　……1/2小匙
炒香的白芝麻 …… 少許，
　　捏碎

1

絞肉加入所有調味料拌勻
後，放入鍋中炒熟，備用
Note 也可以直接將生肉放
入麵糊中，但炒過會較有
肉的香氣，且不用擔心肉
沒熟

2

泡菜放入碗中，先用湯匙
壓擠出汁液，並保留之後
拌麵糊，再用廚房剪刀將
泡菜剪碎
泡菜擠出汁液，這樣煎熟的
餅才不會持續的出水，造成
煎餅越來越濕潤
Note 用廚房剪刀直接在碗
中將泡菜剪碎，輕鬆方便

3

韭菜洗淨切成段長；將泡
菜擠出的汁液加上清水，
使其總量為120毫升備用
泡菜擠出的汁液不要丟棄，
用來拌麵糊，可以增加煎餅
的泡菜的香味

4

將麵粉過篩後，加入雞
蛋、蒜末與做法3的泡菜
汁液，混合均勻

5

再放入炒熟的絞肉、泡菜
與韭菜

6

混合均勻成為煎餅麵糊

7

熱平底鍋，倒入1大匙的
炒菜油與1大匙的芝麻
油，放入適量的麵糊
Note 芝麻油可以增加煎餅
的香氣

8

煎至底部微焦酥脆，再翻
面續煎，即完成泡菜煎
餅。續將剩餘的麵糊煎製
完畢，食用時再搭配蘸醬

嫩煎洋蔥豬排

要如何煎出軟嫩又帶汁液的豬排呢？
方法很簡單，只要跟著食譜的步驟做，
就能成功煎出美味的豬排囉！

材料　2人份

里肌肉片 ……4片，
　　每片約80公克
洋蔥 …… 中小型1個，
　　切絲

豬排醃料

醬油 ……1又1/2小匙
米酒　　1小匙
清水 ……2大匙
蒜頭 ……1瓣，切碎末
太白粉 ……1小匙，加
　　1/2小匙的水，混成
　　濃稠的太白粉水
炒菜油 ……1大匙

調味料

醬油 ……1大匙
番茄醬 ……1大匙
糖 ……1小匙
清水 ……3大匙
太白粉 ……1小匙
黑胡椒粉 ……1/6小匙

1

將里肌肉洗淨，用廚房紙巾擦乾水份，再用肉鎚把肉片兩面各捶打數十下
捶打的作用是將肉筋打斷，使肉質放鬆變軟，煎熟後口感較軟嫩
Note 家中若無肉鎚，可用刀背捶打

2

再用刀把外圍白色的肉筋切斷
切斷肉筋，煎時豬排的邊緣才不會捲曲緊縮

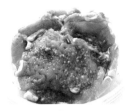

3

先將醬油、米酒、清水、蒜末與豬排抓拌至水份被肉完全吸收，再靜置醃約20分鐘
Note 將肉抓碼可幫助入味，讓肉鮮嫩帶汁

4

醃好後，拌入太白粉水，準備下鍋前再拌入炒菜油
醃肉要分次序，先加調味料讓肉入味後，才拌入太白粉封住味道與肉汁，這樣肉才會鮮嫩又入味

5

熱油鍋，先將洋蔥絲炒至軟，並散發出香味，盛起備用
Note 鍋子先炒洋蔥，可讓鍋溫升高，之後煎豬排因鍋夠熱，有利於封住肉汁

6

續以原鍋，轉中大火，放入豬排煎約1分鐘至金黃微焦
煎肉不可以來回的翻面，要有耐心先將一面煎至微焦才可翻面續煎，否則鍋溫降低肉汁會流光光喔

7

再翻面煎約1分鐘後，轉中小火把豬排再翻一次面煎至熟，取出備用
用大火先把肉的一面煎香，再翻面大火煎，主要是要盡快封住肉汁，之後再轉中小火煎至熟

8

繼續以原鍋倒入預先混合的調味料，黑胡椒粉除外，煮至滾

9

再將洋蔥絲、豬排放入拌勻，起鍋前再撒上黑胡椒粉，即完成

 小米桶的貼心建議

豬排也可以替換成用肉鎚拍扁的雞胸肉，但煎的時間要縮短

香煎雞排佐莎莎醬

如何煎出金黃香酥又不油膩的雞腿排呢？
請跟著食譜步驟與注意事項一起動手作吧！

材料 2人份

去骨雞腿（含腿排）
……2隻，約500公克
米酒……適量
鹽……1/8小匙
白胡椒粉……適量
蒜頭……2瓣，切碎

莎莎醬材料

番茄……1顆
洋蔥……1/4個
香菜……切碎約1大匙
橄欖油……1大匙
檸檬汁……1/2大匙
鹽和黑胡椒粉……適量

1

雞腿肉洗淨後用廚房紙巾擦乾水份，在肉厚處及筋部用刀劃幾下，備用

筋切斷可舒展鬆弛肉質，也能避免煎好的雞腿緊縮變形，也較易煎熟與入味

2

在肉面撒上米酒、鹽、白胡椒粉、蒜末，並替雞肉抓碼按摩，再醃約至少30分鐘，備用

Note 抓碼按摩可讓雞肉柔軟，且較入味

3

將番茄去籽後切細丁；洋蔥切碎，香菜切碎

4

再將番茄丁、洋蔥碎、香菜碎、橄欖油、檸檬汁、鹽、黑胡椒粉，混合拌勻

5

靜置約10分鐘，即完成莎莎醬，備用

6

取一鍋，不加油直接燒熱，將雞肉上的蒜末挑起，再以雞皮朝下的方式，放入鍋中

Note 蒜末容易燒焦，所以先挑起來，等肉快熟時才放入煎出香氣

7

以中大火煎約1分鐘，再轉中小火煎約3分鐘

煎的過程要不斷的用鍋鏟加壓雞排，這樣酥脆的效果才好喔

Note 只要將水份擦乾，將雞皮朝下放入鍋中煎，就可以將雞皮的油脂逼出

8

等雞皮金黃微焦後，翻面大火煎約1分鐘，再轉小火慢煎，並放入先前挑出的蒜末一起煎香直至肉熟

Note 不可將雞肉反覆翻面煎，以免肉汁流失

9

將煎熟的雞排擺入盤中，再放上莎莎醬，即完成

小米桶的貼心建議

◎ 煎雞排剩下的雞油帶有蒜香，用來炒青菜很讚喔

◎ 煎雞肉時也可放上重物壓住肉，比如，較重的鍋子，那麼底部金黃焦酥的效果會更好喔

照燒漢堡排 + 甜椒炒鮮菇

煎漢堡排的同時放入甜椒與鮮香菇，
使其吸收了漢堡排的油脂，變得又香又好吃，
而且還能一鍋完成二道菜喔！

照燒漢堡排

材料 2人份

牛絞肉 …… 150公克
豬絞肉 …… 50公克，
肥4瘦6的比例
洋蔥 …… 中小型的1/2
個，切碎
麵包粉 …… 2大匙
牛奶 …… 3大匙
雞蛋 …… 1/2的量
奶油或炒菜油 …… 1小
匙，炒洋蔥用

漢堡肉調味料

黑胡椒粉 …… 少許
鹽 …… 1/6小匙

照燒醬汁

醬油 …… 1又1/2大匙
米酒 …… 1又1/2大匙
味醂 …… 1大匙
糖 …… 2小匙
清水 …… 4大匙

甜椒炒鮮菇

材料 2人份

紅、黃甜椒 …… 各1/2個
香菇 …… 8朵
鹽與黑胡椒粉 …… 少許

1

用奶油將洋蔥末拌炒約
10分鐘至淺咖啡色
Note 洋蔥炒過才會釋放出
甜味，增加香氣

2

將紅、黃甜椒切成塊狀；香
菇切適當塊狀；麵包粉加入
牛奶，使其發脹，備用
麵包粉可以增加漢堡肉的黏
性，還能吸收肉汁，在煎的
時候就不怕肉汁流光

3

將牛絞肉、豬絞肉放入大
盆中，加入雞蛋、調味料，
以同一方向攪拌約2分鐘
牛肉提香，豬肉增加滑嫩口
感，並且豬肥肉比例越多，
漢堡肉就越滑嫩多汁

4

再加入已放涼的炒洋蔥、
吸入牛奶的麵包粉
Note 炒洋蔥要放涼後才能
拌入肉餡，否則會將絞肉
變熱，漢堡排不易定型，
下鍋煎時會散開

5

以同一方向拌勻後，再整團肉拿起往盆裡摔打約1分鐘

Note 摔打肉餡可以增加彈性，以及排出空氣，煎的時候才不會散掉

6

漢堡肉餡，均分成4等份，塑成圓球狀，用雙手來回輕拋，排出空氣，再整成橢圓形，備用

Note 整成中間較凹陷的餅狀，就不怕煎成半生不熟

7

熱油鍋，放入漢堡排，以中大火煎至底部上色

Note 鍋一定要燒熱，才可放入漢堡排，以鎖住肉汁，也不可反覆翻面或用鍋鏟去壓，否則會讓肉汁流失

8

將漢堡排翻面，並將甜椒與鮮香菇放進鍋裡空隙處，蓋上鍋蓋燜煎約2分鐘

Note 甜椒與鮮香菇吸收了漢堡排的油脂，變得又香又好吃

9

再打開鍋蓋，把鹽與黑胡椒粉撒在甜椒與鮮香菇上拌勻，盛起，即完成甜椒炒鮮菇

10

鍋裡加入照燒醬汁，蓋上鍋蓋，轉小火續燜煮約3～4分鐘

Note 加入醬汁同煮，就不用擔心漢堡排中間未熟，也能讓漢堡排吸入醬汁，吃起來更多汁

11

打開鍋蓋，轉大火收汁，即可將照燒漢堡排盛於盤中，放入甜椒炒鮮菇做配菜，即完成

香菇雞肉串

用平底鍋做串燒簡單方便又快速，
只要先把肉醃好，煎至熟後再刷醬汁，
就可以準備開動囉！

材料　2人份		雞肉醃料	
去骨雞腿肉 ……250公克		醬油 ……2小匙	
新鮮香菇 …… 中型的8朵		米酒 ……1小匙	
粗一點的蔥 ……2～3支		蒜頭 ……1瓣，切碎	
竹籤 ……8支，長約			
14～15公分		刷醬	
黑胡椒粉 …… 適量		醬油 ……1/2大匙	
		味醂 ……1/2大匙	

1

將雞腿肉去掉皮以及多餘
的油脂，再均分切成16
份的塊狀，加入醃料，醃
約30分鐘，備用

Note 醃肉時，適當的抓一
抓，可充份吸收醃料，雞
肉會更加入味與飽含汁液

2

香菇對半切開；蔥只取用
蔥白部份，切2公分小
段；刷醬混合均勻，備用

3

將雞肉、香菇、蔥段，以
竹籤串成肉串

若雞肉大小不一，越大塊的
肉要串在越上面，也就是先
串小塊肉，大塊肉最後串，
這樣才能接觸到較多的鍋面
煎熟，若用烤的肉串，串法
也是一樣喔

4

加熱平底鍋，加入1～2
小匙的油燒熱後，排入雞
肉串，先將底部煎至微焦
上色

5

再翻面續煎至微焦，接著
轉小火將雞肉串煎至全熟

6

起鍋前，將肉串的兩面刷
上刷醬，並稍微煎約十幾
秒鐘

7

最後再撒上黑胡椒粉，即
完成

茄汁豆腐蝦仁

茄汁豆腐蝦仁甜中帶有番茄醬的微酸，非常的下飯與開胃，是一道大家都會喜愛的鮮蝦料理。

材料　4人份

板豆腐⋯⋯1/2塊
蝦仁⋯⋯20尾
洋蔥⋯⋯1/2個
蒜末⋯⋯1小匙
薑末⋯⋯1/2小匙
蔥⋯⋯2支
白胡椒粉⋯⋯適量
鹽⋯⋯適量

調味料

番茄醬⋯⋯3大匙
米酒⋯⋯1大匙
糖⋯⋯1大匙

1

蝦仁去除泥腸，用份量外1大匙的太白粉與適量鹽抓拌，再清洗乾淨，重複3次，瀝乾水份

太白粉可洗去污物與黏液，讓蝦變潔白；鹽則可以去除腥味，並讓蝦肉緊實

2

取一乾淨毛巾，或將廚房紙巾重疊4～5張，將水份徹底吸乾

Note 徹底吸乾水份，可讓蝦肉爽口彈牙，而且也較易入味

3

將蝦仁加入醃料拌勻，再放入冰箱冷藏至少30分鐘，備用

Note 冰箱的冷空氣可讓蝦肉緊實乾爽，煮好的蝦就會有彈性喔

4

將豆腐切成2公分方塊，放在紙巾上，再撒上鹽、白胡椒粉，靜置10分鐘入味，以及排出多餘水份，備用

5

洋蔥切成碎末；蔥切成切蔥花，並將蔥白、蔥綠分開；調味料預先混合均勻，備用

6

熱油鍋，先將豆腐四面煎至微焦上色，盛起備用

7

再放入蝦仁煎至7分熟，盛起備用

Note 蝦仁之後還會再與調味料混合，所以不用煎至全熟，以免口感變老

8

以原鍋，爆香蒜末、薑末、蔥白

9

再放入洋蔥翻炒至熟，並散發出香味

10

放入煎香的豆腐與蝦仁快速拌炒均勻

11

倒入預先混合好的調味料

12

快速翻炒均勻並收汁，起鍋前撒入蔥綠拌均勻，即完成

小米桶的貼心建議

◎ 可將茄汁替換成泰式甜辣醬風味
泰式甜辣醬4大匙、檸檬汁1小匙，清水1大匙

◎ 也可以在茄汁豆腐蝦仁的調味料中加入適量檸檬汁或白醋，增加酸味

◎ 蝦仁可替換成去骨的雞肉

起司牛肉堡

香濃的溶化起司搭配黑胡椒牛肉組合而成的牛肉堡，
做法簡單又快速，可以當早午餐，
也可以當下午茶輕食喔！

材料 2人份

牛肉薄片 ……150公克	起司片 ……2片
洋蔥 …… 中小型的	鹽和黑胡椒粉 …… 適量
1/2個，切絲	可用於夾配料的麵包
蒜頭 ……1瓣，切碎	……2個
奶油 ……10公克	

1

熱油鍋，放入少許油將洋蔥充份的炒至熟軟

2

再放入牛肉片
Note 牛肉片預先撒上份量外少許的鹽、糖、黑胡椒粉，或是市售的烤肉醬

3

再翻炒至肉7分熟，並用廚房紙巾將鍋內的油脂吸除乾淨，再撒上黑胡椒粉
善用廚房紙巾，將多餘的油脂吸掉再放起司，牛肉堡就不會過於油膩

4

將炒牛肉均分成兩份，並各別鋪上起司片

5

蓋上鍋蓋，小火加熱到起司溶化

6

再將起司牛肉夾入麵包裡，即完成

小米桶的貼心建議

◎ 牛肉可替換成豬肉、雞肉
◎ 夾入麵包的配料也可增加生菜、番茄、切片小黃瓜
◎ 牛肉片的調味料可以參照第49頁的韓式燒肉，味道非常搭，但份量要減量，以免過鹹

鮮蝦牛奶通心麵

不需要製作白醬也能烹煮出奶香味十足的通心麵，
而且只需用到平底鍋，一鍋到底就可以完成囉！

材料　2人份

蝦仁 …… 12隻
洋蔥 …… 1/2個切小丁
蒜頭 …… 1瓣，切碎
冷凍青豆 …… 80公克
通心麵 …… 90公克
牛奶 …… 400～500毫升
起司 …… 2片
奶油 …… 2小匙，
　炒蝦仁洋蔥
鹽、黑胡椒粉 …… 適量

蒜香酥脆麵包粉

麵包粉 …… 3大匙
炒菜油或橄欖油
　…… 2小匙
蒜頭 …… 2瓣，磨泥
鹽、糖、黑胡椒粉
　…… 手捏一小撮

1

將蒜香酥脆麵包粉材料混合均勻，放入微波爐700W加熱1分40秒，取出翻拌均勻，備用

Note 也可用平底鍋先用油爆香蒜泥，再放入麵包粉拌炒至酥香，起鍋前撒入鹽、糖、黑胡椒粉

2

熱鍋，用奶油將蝦仁煎至7分熟後盛起，再放洋蔥丁、蒜末拌炒至熟，盛起備用

Note 蝦仁預先去腸泥洗淨，擦乾水份

3

續以原鍋，加入適量的清水煮至滾，放入通心麵，撒入一小撮鹽

4

煮至麵7分熟後，將鍋內的水倒掉

5

再加入做法2的炒洋蔥與牛奶煮至8～9分熟

Note 牛奶先加入400毫升，剩下的用來調節濃稠度

6

放入起司片煮至溶化

起司片可以增加奶香味與濃稠度，可讓奶油通心麵的味道更好喔

7

再放入預先燙過的青豆混合均勻

8

起鍋前加入鹽、黑胡椒粉調整味道，再放入蝦仁混合均勻

Note 通心麵的熟度可依喜好的口感來決定

9

將煮好的通心麵盛於盤中，並撒上做法1的蒜香酥脆麵包粉，即完成

煎鑲豆腐

豆腐吸滿了醬汁，非常入味下飯，
而肉餡也是鮮嫩多汁，並帶有蔭瓜的鹹香古早滋味。

材料　4～6人份

板豆腐 …… 2塊
豬絞肉 …… 200公克
蔭瓜或醬瓜 …… 2大匙，
　　切碎
蔥花 …… 1大匙
青蔥 …… 2支，切段長薑
薑 …… 2片
太白粉 …… 適量

肉餡調味料

醬油 …… 1大匙
蒜頭 …… 1瓣，切碎末
白胡椒粉 …… 1/6小匙
香油 …… 1小匙
太白粉 …… 1小匙

調味料

醬油 …… 1大匙
米酒 …… 1小匙
糖 …… 2小匙
水 …… 120毫升
太白粉 …… 1/2小匙

1

將每塊板豆腐切成8等份的塊狀，用湯匙在中間挖出洞，並將挖出的豆腐渣壓成泥狀，留起來備用

2

絞肉加入醬油、蒜末、白胡椒粉，以同一方向攪拌至絞肉產生黏性起膠狀態

3

加入壓成泥狀的豆腐渣、醬瓜碎攪拌均勻，再加入蔥花拌勻

豆腐泥可讓肉餡軟嫩多汁不乾澀，尤其是瘦肉較多的肉餡，可應用在各種肉餡料理，比如：餃子、包子餡

4

最後再加入香油、太白粉攪拌均勻

Note 鑲完豆腐剩下的肉餡，可以整成小餅狀，直接放入鍋中煎成肉餅

5

在豆腐的洞裡撒入太白粉，並填入肉餡

Note 撒太白粉可以幫助肉餡黏住豆腐

6

熱油鍋，將塞好肉餡的豆腐肉面朝下放入鍋中煎至定型

下鍋先煎一段時間，再用鍋鏟輕輕挪動，不要急著翻面，肉餡就會乖乖的待在豆腐裡

7

等金黃微焦後，再翻面，續將豆腐每一面都煎到微焦上色

Note 每一面煎上色後才翻面續煎

8

加入蔥白爆出香味，再加入調味料，煮滾後轉小火煮至豆腐入味並收汁

9

起鍋前撒上蔥綠，即完成

小米桶的貼心建議

肉餡裡也可以放入荸薺，或是泡發切碎的乾香菇

鳳梨炒飯

培根玉米筍
+
清蒸鱈魚

鳳梨炒飯

用美奶滋炒成乾爽香Q的米飯，
搭配酸甜味道的鳳梨，獨特的口感，
絕對能夠成為大人小孩都愛吃的炒飯！

材料 2人份

新鮮鳳梨 ⋯⋯ 中型的1顆	葡萄乾 ⋯⋯2大匙
蝦仁 ⋯⋯12隻	鹽和黑胡椒粉 ⋯⋯ 適量
培根 ⋯⋯2片	
洋蔥 ⋯⋯1/2個	**米飯材料**
蔥花 ⋯⋯2大匙	剛煮好的熱米飯 ⋯⋯3碗
雞蛋 ⋯⋯1顆	美奶滋 ⋯⋯1又1/2大匙
肉鬆 ⋯⋯ 適量	咖哩粉 ⋯⋯2小匙

1

將鳳梨刷洗乾淨後擦乾水份，縱向對半切開，在外緣2公分處用刀深深割劃一圈，再沿著割劃處挖取出鳳梨肉

2

將挖出的鳳梨肉只取用一半的份量，去硬芯後切成小丁；蝦仁去腸泥洗淨擦乾水份；培根與洋蔥切小丁，備用

3

將熱米飯放入大碗中加入美奶滋與咖哩粉

4

充分混合均勻，備用

美奶滋主要成份是油脂，就算使用剛煮好的熱米飯，也能炒出粒粒分明的效果，而且還能讓米飯帶有特殊的香氣

5

熱平底鍋，以乾鍋的方式，將鳳梨丁拌炒至表面水分蒸發，盛起備用

鳳梨容易出水，所以先將表面水分炒乾，以避免與炒飯結合時出水，讓炒飯變濕

6

續以原鍋加入適量油，將雞蛋炒成碎蛋，盛起；再放入蝦仁煎熟，盛起備用

7

再繼續使用原鍋，放入培根煎炒至出油微焦後，放入洋蔥丁拌炒至熟，盛起備用

Note 培根已含油脂，所以不需加油直接下鍋，等出油後再用來炒洋蔥

8

續以原鍋不需加油，放入做法4的米飯，以中大火炒至米飯乾爽粒粒分明

9	**10**	**11**	**12**

9
再放入鳳梨丁、碎蛋、蝦仁、培根洋蔥、葡萄乾
將配料各別炒好，再與飯結合，這樣才能保有每一樣配料原有的味道，炒飯吃起來才有層次感

10
再撒上蔥花

11
邊翻炒邊加鹽與黑胡椒粉調整味道

12
將炒飯盛入做法1的鳳梨盅，再撒上肉鬆，即完成
Note 在炒飯頂面也可以不撒肉鬆，改成撒上起司絲放入烤箱，做成焗烤鳳梨炒飯

小米桶的貼心建議

◎ 若使用剛煮好的米飯來做炒飯，建議煮米時水量要比平常再少一些，這樣炒飯效果會更好

◎ 西式無糖的美奶滋炒飯較清爽，日式或台式帶甜味的沙拉醬則較濃厚，米飯會略帶甜味，可依喜好選擇

◎ 炒飯中的雞蛋有2種炒法，一是將雞蛋炒成碎蛋再同其他配料組合成炒飯；另一種就是將蛋放入鍋內後，趁還未凝固前放入米飯一起炒，讓米粒均勻沾裹住蛋汁，米飯會有蛋香，色澤也漂亮

只要善用鋁箔紙，
將食材與調味料用鋁箔紙包起來，
就能輕鬆的做出一鍋二菜喔！

清蒸鱈魚 + 培根玉米筍

清蒸鱈魚

材料　**2人份**

鱈魚⋯⋯1片，約250公克
蔥⋯⋯4支
薑⋯⋯2片，切絲
辣椒⋯⋯1/2根
香菜⋯⋯少許
米酒⋯⋯1小匙
炒菜油⋯⋯1小匙

蒸魚醬汁

醬油⋯⋯1大匙
糖⋯⋯1小匙
熱開水⋯⋯2大匙
香油⋯⋯1/2小匙

培根玉米筍

材料　**2人份**

培根⋯⋯2片，切小塊
玉米筍⋯⋯12支
高湯或開水⋯⋯1大匙
鹽和黑胡椒粉⋯⋯適量

1

鱈魚洗淨，用廚房紙巾吸乾水份；蒸魚醬汁混合均勻；將2支蔥、辣椒切成細絲，泡入冷開水裡約10分鐘，再撈起瀝乾水份，備用

2

取一大張鋁箔紙，將剩下的2支蔥切成段長，鋪在鋁箔紙上墊底

3

再將鱈魚放在蔥段上面，擺上薑絲，淋入米酒與炒菜油

淋入炒菜油，可讓魚肉吃起來更滑嫩喔

4

將鋁箔紙包起來，備用

5

另取一大張鋁箔紙，放入
洗淨的玉米筍，撒上少許
的鹽和黑胡椒粉

Note 培根與高湯都有鹹
度，所以鹽撒少少即可

6

放上切小塊的培根，淋入
高湯，再將鋁箔紙包起來

7

平底鍋墊上一張廚房紙巾
或棉布，再放上蒸架，加
入清水煮至沸騰

墊上紙巾或棉布，可防止蒸
架刮花鍋底

8

放入包有鱈魚與培根玉米
筍的鋁箔包，蓋上鍋蓋，
大火蒸約 7 分鐘，熄爐火

9

先取出鱈魚鋁箔包，打開
移至盤中，培根玉米筍鋁
箔包則繼續留在鍋中燜

Note 清蒸出的魚汁腥味較
重，所以一般都是倒掉，
再淋上蒸魚醬汁

10

將蔥絲、辣椒絲、香菜碎
撒在魚上，並淋入蒸魚醬
汁，即完成第一道菜清蒸
鱈魚

11

再取出培根玉米筍鋁箔
包，打開移至盤中，即完
成第二道菜培根玉米筍

1鍋2菜

玉米鮮蝦丸 + 簡易白菜魯

一鍋到底一次完成二道菜，用平底鍋炒白菜的同時還能蒸蝦丸，
是不是很神奇呀！

玉米鮮蝦丸

材料 12顆

蝦仁 ……150公克
豬絞肉 ……150公克
玉米粒 ……4大匙

調味料

鹽 ……1/2小匙
太白粉 ……1/2小匙
冰水 ……1大匙
白糖 ……1/2大匙
白胡椒粉 ……1/4小匙
香油 ……1大匙

芡汁

高湯 ……100毫升
鹽、糖、白胡椒粉
　……少許
香油 ……1小匙
太白粉 ……1/2小匙

簡易白菜魯

材料 4人份

白菜 ……300公克
蝦米 ……1大匙
紅蘿蔔 ……1/4根
木耳 ……1朵
乾香菇 ……2朵
貢丸 ……2粒
蒜頭 ……2瓣
高湯 ……200毫升
鹽、白胡椒粉 …… 適量
紹興酒或米酒
　……1小匙，泡蝦米用

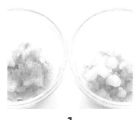

1

蝦仁去泥腸，用太白粉與鹽洗淨後，用廚房紙巾徹底吸乾水份，再一半切成丁狀，一半用刀拍成泥狀，冷藏備用

2

將豬絞肉放入大盆中，加入鹽、太白粉、冰水，以同一方向攪拌至起膠產生黏性

Note 可集合數把筷子來操作，以同一方向攪拌，才較易起膠產生黏性

3

再放入蝦肉丁、蝦泥，續以同一方向攪拌至蝦肉起膠產生黏性

Note 餡料一定要攪拌出膠質，蝦丸口感才好

4

加入糖、白胡椒粉、香油以同一方向拌勻後，將餡料整團拿起往盆裡摔打數十下，使其產生彈性

5	**6**	**7**	**8**
再加入瀝乾水份的玉米粒	以同一方向攪拌均勻	再將蝦丸餡整成12個丸狀，放入冰箱冷藏至少30分鐘，備用 **Note** 放入冰箱冷藏，可讓蝦丸更加爽口彈牙	蝦米用水快速沖洗瀝乾水份，再用1小匙的米酒或紹興酒浸泡，備用 蝦米用少許米酒或紹興酒浸泡，入鍋爆香時可以提升香氣喔

玉米鮮蝦丸

簡易白菜魯

9

白菜洗淨後撕大塊；香菇泡軟後切絲，紅蘿蔔去皮洗淨切片；黑木耳切小塊；貢丸切片；蒜頭切碎，備用

Note 白菜用手撕比用刀切的口感更好喔

10

熱油鍋，將蒜碎、蝦米爆香後，加入香菇絲、紅蘿蔔片、黑木耳，翻炒均勻

11

再放入大白菜、貢丸翻炒均勻

12

加入高湯，稍微煮至白菜微軟

13

將玉米鮮蝦丸排在白菜上

14

蓋上鍋蓋，燜煮約6分鐘

15

打開鍋蓋，將玉米鮮蝦丸取出排盤，備用

16

再接著將鹽與白胡椒粉加入白菜中調整味道，即可盛盤，即完成第一道菜簡易白菜魯

17

以原鍋，將芡汁煮滾

18

再淋入玉米鮮蝦丸，即完成第二道菜

小米桶的貼心建議

◎ 買新鮮的蝦自己剝成蝦仁，製成的蝦丸才好吃，若蝦不新鮮，蝦丸的口感則會發硬

◎ 也可以將蝦丸餡加入荸薺碎、泡軟切碎的乾香菇

◎ 蝦丸餡去掉玉米粒，加入泡軟切碎的乾香菇，就是燒賣餡囉

韓式燒肉

超簡單、超美味的家常燒肉，滋味是鹹香甘甜，
非常的下飯，除了配飯吃還可以再變化成
燒肉珍珠堡，或是加顆半熟蛋就是滑蛋燒肉蓋飯囉！

材料 2～3人份

牛肉薄片 ……300公克	調味料
洋蔥 ……1/2個，切絲	醬油 ……2又1/2大匙
蔥 ……2支，切段長	米酒 ……1小匙
紅蘿蔔 ……1/4根，切絲	白糖 ……2小匙
炒香的白芝麻 ……1小匙	蒜泥 ……1小匙
	奇異果 ……1/2個，磨泥
	香油 ……1大匙

1

將調味料，除了香油外，
其餘的混合均勻

奇異果的果酸是天然的嫩肉
精，可讓肉質變軟嫩喔

2

放入切成3公分段長的牛
肉薄片

3

適當的抓一抓，使其充份
吸收調味料

4

再加入洋蔥絲、紅蘿蔔絲
拌勻

5

醃約30分鐘，準備下鍋
前再拌入香油

香油最後放除了可形成保護
膜封住肉汁，也能讓肉片下
鍋時較易炒散開來

6

熱油鍋，放入醃好的牛
肉，並快速的用筷子將肉
撥散開來，注意筷子是十
字撥動，不是翻炒

Note 一下鍋迅速將肉撥散
開來，就暫時不動，讓肉
底部煎香後，才開始翻動
拌炒

7

等牛肉炒到快熟時，撒入
蔥段拌炒均勻

8

起鍋前再撒入炒香的白芝
麻拌勻，即完成韓式燒肉

小米桶的貼心建議

> 牛肉可替換成豬肉。配料中也可以增加
> 韭菜或是鴻喜菇

泰式甜辣雞肉 Pizza

巧克力水果鬆餅

泰式甜辣雞肉 Pizza

沒烤箱但是想烤披薩怎麼辦？
沒關係！只要利用家中的平底鍋
就能烘烤出好吃的披薩。

材料　3個

雞胸肉 …… 200公克
洋蔥 …… 1/4個，切絲
Pizza 用起司絲 …… 適量
香菜碎 …… 適量

高筋麵粉 …… 200公克
低筋麵粉 …… 100公克
　或用高筋麵粉
鹽 …… 1/2小匙
橄欖油 …… 1大匙，
　炒菜油亦可

Pizza 麵糰

直徑20公分的餅皮3個

手摸微溫的溫牛奶或
　清水 …… 200毫升
乾酵母（active dry yeast）
　…… 1又1/2小匙
白糖 …… 1小匙

醬汁

泰式甜辣醬 …… 4大匙
檸檬汁 …… 1小匙

1

將溫牛奶、乾酵母、糖混合均勻靜置約5分鐘，備用

Note 乾酵母（active dry yeast）需要先用溫水溶解，並稍微靜置，以喚醒沉睡中的酵母菌

2

將麵粉、鹽先混合均勻，再邊攪拌邊加入做法1的液體

Note 鹽會阻礙酵母菌的活力，所以不與做法1的液體混合，以避免影響發酵

3

揉成麵團後繼續邊揉邊甩打至光滑，蓋上保鮮膜放置溫暖處，醒麵發酵約1倍大，備用

冬天氣溫低，可將麵團放置密閉空間，並放入一杯熱開水，讓空間變溫暖，幫助麵團發酵

4

趁麵團發酵的時間，製作Pizza 餡料。將雞胸肉上頭放蔥與薑片，放入蒸鍋中蒸熟

Note 雞肉可用少許的鹽、米酒、白胡椒粉、以及1/4小匙太白粉醃拌

5

蒸熟後，待稍微降溫，再剝成雞絲

6

再將雞絲加入醬汁混合均勻，備用

7

麵團發酵完成

用手指按壓麵團，凹陷處會停留，且麵團柔軟有延展性，內部氣孔分布均勻，則表示發酵完成且正確。反之若壓下的凹陷處會立刻彈回，感覺很有彈性，表示麵團發酵不足，需要再延長發酵時間

8

發酵好的麵團若沒用完，可用保鮮袋密封好，冷藏約3天，或是冷凍保存，要用到時只需放回至溫，使其恢復柔軟度即可

9

將發酵好的麵團擠出空氣，均分成3等份。取一份，擀成直徑約20公分的餅皮，並用叉子在餅皮上刺小洞，備用

Note 若麵團會回縮不好擀開，可先靜置鬆弛5～10分鐘，讓麵團鬆弛

10

再將餅皮移入平底鍋

11

撒上適量的起司絲

若使用的 Pizza 配料水份較多，則要先將餅皮底部煎上色後翻面，將配料鋪在煎過的那一面，這樣餅皮才不會過於濕潤

12

再均勻的鋪上做法6的甜辣雞絲與洋蔥絲

13

再撒上適量的起司絲

起司絲分2次撒入，這樣烤好的 Pizza 頂面可以看到漂亮的雞絲與洋蔥，不會全被融化的起司覆蓋住

14

蓋上鍋蓋，以最小火烘約10～12分鐘

15

最後再撒上香菜碎，即完成泰式甜辣雞肉 Pizza

小米桶的貼心建議

◎ 泰式甜辣醬可替換成喜愛的烤肉醬、或是照燒醬

◎ Pizza 配料也能自由變化，但肉類或不易熟的食材要烹煮過

巧克力水果鬆餅

巧克力鬆餅淋上香濃的巧克力醬，搭配新鮮莓果，
甜蜜中又帶點微酸的滋味，
推薦給嗜愛巧克力的甜點愛好者。

材料

直徑5～6公分10片

低筋麵粉 ……70公克
可可粉 ……20公克
泡打粉 ……1小匙
肉桂粉 ……1/4小匙
雞蛋 ……1顆
牛奶 ……80毫升
糖 ……1大匙
鹽 ……1/6小匙
融化的奶油 ……15公克

頂面水果

草莓與藍莓 …… 適量

巧克力醬

牛奶 ……120毫升
巧克力 ……100公克
含鹽奶油 ……25公克
可增加少許的香草精，
　　或是1大匙的蘭姆酒
　　（Rum）

1
將牛奶加熱至燙但不沸
騰，再加入切碎的巧克力
與奶油

2
攪拌至巧克力完全溶解的
光滑狀，即為巧克力醬，
備用

3
低筋麵粉、可可粉、泡打
粉、肉桂粉混合均勻，並
過篩2次

粉類過篩是為了防止結塊，
較容易與液體混合均勻之
外，還有一個更重要的作用
就是讓空氣均勻混入粉類當
中，這樣完成的糕點質地才
會細緻鬆軟

4
將雞蛋、牛奶、糖、鹽混
合均勻

5
再加入做法3的過篩可可
麵粉

6
用橡皮刮棒輕輕拌勻後，
再加入融化的奶油，混合
均勻

粉類加入後就不要過度攪
拌，以避免出筋，造成鬆餅
口感過硬，若麵糊中帶有顆
粒也沒關係，煎的時候顆粒
就會消失

7

小火加熱平底鍋，抹上少許油，用湯匙取適量麵糊可在麵糊的容器裡放入一根筷子，用來刮除湯匙底部多餘的麵糊，這樣麵糊不會滴的到處都是喔

8

湯匙稍舉高點，讓麵糊滴落入鍋中，形成漂亮的圓形

9

煎至冒出許多的氣泡

10

再用鍋鏟翻面，續煎約10~15秒，即完成一片鬆餅。續將剩餘麵糊煎完畢

11

最後再將煎好的鬆餅淋上巧克力醬，並撒上切小塊的草莓與藍莓，即完成

焦糖香蕉法式花生吐司

法式花生吐司做方是參考大境出版的「法式吐司&熱三明治」，
第34頁的港式西多士。港式的吃法是吐司趁熱抹上奶油，
再淋煉乳與蜂蜜，我則改良成搭配焦糖香蕉，也是不錯吃的喔！

小米桶的貼心建議

◎ 香蕉可以替換成蘋果、鳳梨、桃或梨

◎ 我一開始就直接用奶油煎吐司，但是奶油
　很容易燒焦，所以若掌控不了火力的朋友
　可以先用炒菜油煎，最後再加點奶油增加
　香氣，這樣就不用擔心吐司燒焦變黑

材料

吐司……4片
花生醬……1～2大匙
奶油……1小匙，
　　煎吐司用

蛋液材料

雞蛋……2顆
白糖……2大匙
牛奶……200毫升

焦糖香蕉材料

香蕉……2根
糖……2又1/2大匙
奶油……10公克
檸檬汁……2小匙

1
將雞蛋、白糖攪打均勻，
再加入牛奶拌勻，備用

2
取一片吐司，均勻抹上
0.5～1大匙的花生醬，再
蓋上一片吐司，成為夾心
吐司，另2片吐司也抹上
花生醬，備用

3
將蛋液放入平盤中，再放
入花生醬夾心吐司，單面
浸泡10分鐘，再翻面續
泡10分鐘，使其兩面吸
飽蛋液

Note 若平盤無法一次放進
2組吐司，則將蛋液均分
2份，這樣2組吐司都能
均勻的吸滿蛋液

4
熱鍋，倒入適量的炒菜油
加熱後，放進吸滿蛋液的
吐司，以小火慢慢煎至底
部上色

Note 奶油不耐熱容易焦，所以先
用一般油來煎吐司，最後才
加奶油，這樣吐司即香又不
怕燒焦

5
再翻面續煎至金黃微焦，
即為法式花生吐司，盛盤
備用

Note 等吐司煎的差不多
時，可放入1/2小匙的奶
油，增加吐司的奶油香氣

6
將香蕉切成約2.5公分的
小段，再淋入檸檬汁輕輕
拌勻，備用

Note 加檸檬汁除了可以平
衡焦糖的甜度，也能避免
香蕉氧化變黑

7
鍋放入奶油與白糖

8
以小火燒至糖融化，並變
成淡琥珀色

9
再放入做法6的香蕉，輕
拌至香蕉均勻裹上焦糖

10
最後將焦糖香蕉放在法式
花生吐司上頭，即完成，
可以上桌開動囉

在臺灣已經有數十年歷史的電鍋，你我家都有一個，從小伴著我們長大，
連出國留學都要帶著它才安心，可見電鍋在人們的心裡是非常重要，
因為用電鍋做菜超方便，不會產生油煙、不用看火、也不用複雜的程序，
備好材料，放入電鍋裡，輕鬆按下開關，就能變化出一道道美味又健康的菜色。

電鍋做料理的好處

操作方式簡單，無論加熱或斷熱，全都集中在一個按鍵開關，而且只要在外鍋加入正確的水量，按下開關就能進行烹煮，完全不用花心思研究操作方法。

利用水蒸氣將食物煮熟，所以烹調過程中只會有水蒸氣，沒有煎炒般的油煙產生，料理好的菜餚也有著清爽不油膩的口感，可說是非常健康。

電鍋料理不會產生油煙，而且加熱均勻，也能充分保留食材的原汁原味，營養不流失，很符合現代人忙碌又講究養生和健康的需求。

用電鍋燉湯、滷肉只需在外鍋加較多的水，按下開關，不必看火、也不必調整火力，就能進行慢火燉煮，而且也可以用層層疊疊的方式，一鍋多菜喔！

量米杯的水量與蒸煮時間

電鍋所附帶的量米杯可以控制加熱時間的長短，量米杯的容量為180毫升，與烘焙用的量杯是不一樣的喔。

水量：1/2杯　　蒸煮的時間：10分鐘
水量：1杯　　蒸煮的時間：15～20分鐘
水量：2杯　　蒸煮的時間：30～40分鐘

電鍋的清潔保養

外鍋、外殼及電源線不要浸於水中，也不要用鋼刷用力刷洗，可用沾了溫水的抹布將外壁擦拭乾淨，再用乾抹布擦乾即可。

清洗內鍋為每次使用完後的例行工作，清洗時不可以用硬質的菜瓜布或鋼刷，如果有食物黏在鍋底，可在清洗前先浸泡一會，再清洗乾淨。

可以利用白醋水去除鍋垢與異味，可將1量米杯之白醋倒入外鍋並加水至8分滿後，加熱至水滾即可。
電鍋每次使用完畢，記得要將鍋內多餘的水倒掉，且讓鍋內完全乾燥，以免長期悶蓋住會發霉產生異味。

電鍋的使用注意事項

如果內鍋偏在一側，加熱會不平均，且鍋蓋的水珠會滴落到內鍋裡，稀釋了菜餚或湯的味道。

肉類食材可先醃入味，再進行蒸燉煮味道會更好，燉湯的肉類一定要先汆燙，這樣燉好的湯才會鮮美好喝。

電鍋製作一鍋多菜時，要依每道料理食材所需的烹調時間，分次放入電鍋進行烹煮，這樣口感才會好，不會有的菜過熟或是未熟。

若一次加入超過2杯水很容易溢出鍋外造成危險。另外啟動保溫功能時，外鍋要記得加點水，以避免菜餚失去水份變乾燥或是黏內鍋底，保溫時間也不宜過長，否則味道會變不好。

電鍋的使用小秘訣

可用電鍋蒸盤、蒸架的隔層功能

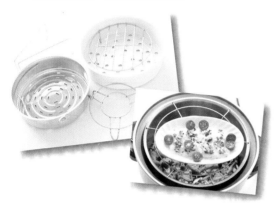

電鍋專用的多層蒸籠或蒸架

利用鋁箔紙包裹進行加熱

架上竹筷子進行堆疊

部份點心或菜餚在進行加熱時，可在電鍋的鍋蓋上綁一塊棉布，就能防止水蒸氣滴落到點心或菜餚上頭。

蒸蛋或蒸布丁時，鍋蓋不可蓋緊，需留個小縫隙，可在鍋蓋處卡支筷子，這樣蒸蛋與布丁才不會因受熱過度而膨脹產生孔洞，造成口感不滑嫩。

1鍋3菜

排骨湯燉煮的時間較長,所以先燉湯,並利用燉湯的同時,
處理紹興酒蝦、高麗菜小炒肉的配料,
等湯燉的差不多時就可以放進另二道菜一起烹煮至熟。

2人份	**2人份**	**2人份**	
鮮蝦 ⋯⋯ 8隻	小排骨 ⋯⋯ 300公克	豬肉薄片 ⋯⋯ 150公克	醬油 ⋯⋯ 2小匙
約300公克	玉米 ⋯⋯ 2根	高麗菜 ⋯⋯ 中型的1/4個	米酒 ⋯⋯ 1小匙
枸杞 ⋯⋯ 1大匙	紅蘿蔔 ⋯⋯ 2/ 根	紅蘿蔔 ⋯⋯ 1/3根	糖 ⋯⋯ 1/2小匙
薑 ⋯⋯ 2片,切絲	清水 ⋯⋯ 1200毫升	蒜頭 ⋯⋯ 2瓣,切碎	太白粉 ⋯⋯ 1/2小匙
紹興酒 ⋯⋯ 4大匙	鹽和白胡椒粉 ⋯⋯ 適量	清水 ⋯⋯ 3大匙	
鹽和糖 ⋯⋯ 手捏一小撮	※ **一根紅蘿蔔正好可使用在高麗菜小炒肉與玉米排骨湯**	香油 ⋯⋯ 1小匙	
		鹽和白胡椒粉 ⋯⋯ 適量	

1

將排骨放入冷水鍋中,煮至滾約1分鐘

2

再撈起洗去浮末與碎骨,備用

3

玉米與紅蘿蔔洗淨切大塊,備用

4

將排骨、玉米、紅蘿蔔、清水放入內鍋,再蓋上內鍋鍋蓋,外鍋加入1又1/2杯的水,按下電源開關進行烹煮

5

趁燉排骨湯的同時處理高麗菜小炒肉的配料。將豬肉片加入調味料拌勻;高麗菜洗淨撕大塊;紅蘿蔔切細絲

6

取　大張鋁箔紙,依序放上高麗菜、紅蘿蔔絲,再將肉片攤開鋪在上頭,再撒上蒜頭碎與3大匙清水

7

將鋁箔紙包起來,備用

8

接著處理紹興酒蝦配料。蝦剪去嘴尖、腳,從背部第三節處,用牙籤將腸泥挑起,洗淨備用;枸杞洗淨後浸泡在紹興酒裡,備用

9

取一大張鋁箔紙,放上鮮蝦、薑絲,撒上枸杞與紹興酒、鹽、糖,再將鋁箔紙包起來,備用

10

等燉排骨的電源開關跳起時,在外鍋倒入1杯水,並將內鍋蓋換成蒸盤,先放進高麗菜小炒肉,按下電源開關進行烹煮

11

等約8分鐘後,再放入裝有紹興酒蝦的鋁箔包,續蒸至電源開關跳起

12

將紹興酒蝦取出打開鋁箔紙盛盤,即完成第一道菜
Note 電源開關跳起後,就得馬上把紹興酒蝦、高麗菜小炒肉取出,以避免燜過熟口感不好

13

接著將高麗菜小炒肉的鋁箔紙打開

14

用筷子邊翻拌,邊淋入香油、鹽和胡椒粉調整味道,即完成第二道菜

15

最後再將玉米排骨湯加入鹽調整味道,即完成第三道菜

小米桶的貼心建議

電鍋製作一鍋多菜時,要依每道料理食材所需的烹調時間,分次放入電鍋進行烹煮,這樣口感才會好,不會有的菜過熟或是未熟

用電鍋來燉湯非常的方便，可以省去顧爐火的麻煩，
只要把食材處理好，放進電鍋按下開關，
就能輕鬆的完成美味的燉湯啦！

4人份

雞 …… 半隻， 　　約1000公克	紅棗 …… 5顆
	薑 …… 3片
瘦豬肉 …… 100公克	米酒 …… 2大匙
山藥 …… 250公克	清水 …… 可淹蓋雞肉
枸杞 …… 2大匙	3公分高度的水量
	鹽 …… 適量

1

雞洗淨剁成塊狀，瘦豬肉
切成適當塊狀，放入滾水
中汆燙，撈起洗淨浮末，
備用

2

紅棗洗淨去核，枸杞放在
網勺上用熱水沖洗乾淨，
山藥等下鍋前再去皮切塊
狀，備用

3

將雞肉、瘦豬肉、紅棗、
枸杞、薑片放入內鍋，加
入可以淹蓋過雞肉3公分
高度的水量，並淋入米酒

4

再蓋上內鍋鍋蓋

5

外鍋加入2杯的水，按下
開關，煮至跳起後，再放
入山藥

6

外鍋再加入1/2杯水，按下開關煮至跳起，再依
喜好決定是否加鹽調味，即完成山藥枸杞雞湯
　　燉湯要完成後才可加鹽調味，這樣食材的精
華才能完全釋放出來，湯才會好喝

小米桶的貼心建議

要如何讓雞湯或魚湯更鮮美好喝？一般我們
做雞湯或魚湯，只會單用雞或魚搭配其他素
料來燉煮，若是在食材裡再增加瘦豬肉或排
骨，這樣就能讓湯的味道更好喔

麻油雞
+
麻油麵線

滷牛腱+牛肉吐司捲

麻油雞 + 麻油麵線

1鍋
2菜

天冷最適合麻油雞，吃了能讓全身暖呼呼，
而且湯裡放了枸杞，雞肉與湯汁更加鮮美，
用來拌麵線更是隨意拌都好吃呀！

麻油雞

2～3人份

材料

雞腿……600公克
薑……1大塊，切片
黑麻油……2大匙
米酒……1瓶，勿用
　加鹽的料理米酒
枸杞……1又1/2大匙

麻油麵線

2人份

材料

麵線……2人份
雞蛋……2顆
蔥花……適量

調味料

麻油雞的湯…200毫升
黑麻油……1小匙
糖……1/2小匙
醬油……1/2小匙
油蔥酥……1大匙
鹽……適量

1

雞肉洗淨剁大塊，放入滾
水中汆燙，撈起洗淨浮
末，備用

2

先以少量的炒菜油把薑片
煸至邊緣捲翹時，再加黑
麻油續煸出香氣

麻油不耐高溫，所以先用炒
菜油把薑片煸至邊緣捲翹時
才加入麻油

3

再放入雞肉

4

煎炒至雞肉表面微焦上色

5

將做法4的雞肉放進內
鍋，倒入米酒

6

再加入枸杞

7

外鍋放入2杯水煮至開關跳起，即完成麻油雞

8

麵線放入水滾的鍋中煮軟後，撈起，用溫開水洗去黏液，瀝乾水份

9

冉加入所有的麵線調味料混合均勻，並且邊拌邊調整味道

10

再撒上蔥花

11

混合均勻，即為麻油麵線

12

熱鍋，先用炒菜油煎出半熟的荷包蛋，再淋入幾滴黑麻油，增加香氣，盛起備用

13

最後 將麻油雞盛於碗中，麻油麵線放上荷包蛋，即完成麻油雞麵線套餐

小米桶的貼心建議

◎ 若喜歡酒味重一些，可在麻油雞起鍋前再加入適量米酒，增加酒味

◎ 酒裡的酵素會讓肉質鮮嫩，所以麻油雞用純米酒不套水的方式，煮好之後會有自然的甘甜味，不放鹽也很好吃

滷牛腱

滷牛腱建議選用牛腱心，肉中帶筋口感佳，
切片後的紋路也漂亮；滷至熟軟後，
再浸泡在滷汁裡一段時間持續入味，
這樣就能做出好吃的滷牛腱。

4個牛腱

材料	調味料
牛腱心 ……4個，約1000公克	辣豆瓣醬 ……1 大匙
薑片 ……5片	醬油 ……100 毫升
蒜頭 ……5 瓣	冰糖 ……1 大匙
蔥 ……3 支	八角 ……2 顆
紅辣椒 ……1 根	肉桂 ……1 小根
清水 ……1000 毫升	紹興酒 ……2 大匙

1

將牛腱用清水浸泡約1小時，中途換1～2次水
泡水可讓的血水跑出來，以去除腥味

2

再將牛腱的筋膜去除乾淨
去除筋膜可以讓調味料進入肉裡，更加入味

3

牛腱放入冷水鍋中煮滾，要邊煮邊撇掉浮末，再撈起洗淨，再用竹籤在牛腱上刺小洞，備用
刺小洞可幫助調味料進入肉裡，更加入味

4

再把牛腱放入電鍋內鍋，備用

5

熱油鍋，先爆香薑片、蒜頭、蔥、紅辣椒、八角、肉桂

6

再放入辣豆瓣醬
放入辣豆瓣醬時，爐火要轉小，以避免炒焦

7

炒出香味

8

放入清水，以及醬油、冰糖，大火煮至滾

9

再把做法8倒入內鍋裡

10

淋入紹興酒，於外鍋加入2杯水，按下開關煮至跳起後，燜約15分鐘

11

打開鍋蓋稍微翻拌幾下，於外鍋再加2杯水，續蒸煮至開關跳起，繼續浸泡在滷汁裡到隔天

滷好繼續泡在滷汁中，可讓牛腱持續入味。夏天要冰箱冷藏

12

再將牛腱取出切成薄片，擺盤並淋上少許滷汁，即完成滷牛腱

滷吃不完的牛腱可各別用保鮮袋包好，再冷凍保存

同場加映

牛肉吐司捲

2人份

滷牛腱 ……1/2個，切片

吐司 ……6片

小黃瓜 ……1根，切條狀

甜麵醬 ……1大匙

糖 ……2小匙

香油 ……1小匙

水 ……1大匙

※ 將所有材料放入鍋中小火拌炒至濃稠狀，即為抹醬

1

將吐司的硬邊切除

2

再用擀麵棍壓扁

3

抹上適量的抹醬，再放上牛肉片、小黃瓜

4

捲成捲餅，再切段長，即完成牛肉吐司捲

清蒸檸檬魚片 +
玉米菇菇飯

1 鍋
2 菜

用電鍋烹煮出玉米菇菇飯與清蒸檸檬魚片，
一次就能完成一餐飯，真的很方便喔！

70

2 人份

龍利魚片

　　…… 約350公克

小番茄 ……5顆

洋蔥 ……1/4個

檸檬 ……1/2顆，擠汁

蒜末 ……2小匙

辣椒末 ……1小匙

香菜梗碎末 ……1小匙

魚露 ……2又1/2小匙

米酒 ……1/2小匙

糖 ……1小匙

2～3人份

白米 ……1又1/2量米杯

罐頭玉米粒 ……1/2罐

鮮香菇 ……5朵

鴻喜菇 ……1盒

金針菇 ……1包

芹菜碎 ……適量

昆布高湯 ……1又1/3

　　量米杯 ，或清水

醬油 ……2小匙

鹽 ……1/2小匙

1

將白米洗淨加入適量水浸泡15～20分鐘；玉米粒瀝乾汁液；鮮香菇切片；鴻喜菇撕小朵；金針菇切段長，備用

　　米先浸泡一段時間再進行烹煮，完成的米飯口感會較好

2

魚片洗淨，再使用廚房紙餐巾吸乾水分後，切成3段，備用

3

將魚片所有調味料混合均勻；小番茄對半切開；洋蔥切細絲後用冰開水浸泡冰鎮，備用

4

魚片排入盤中，淋上調味料，備用

5

將白米瀝乾水份，放入內鍋，加入昆布高湯與調味料，拌勻

　　高湯的量約比平時煮飯再少一點，因為玉米粒與菇菇烹煮時會出水

6

接著放入玉米粒、鮮香菇、鴻喜菇、金針菇

　　煮熟後菇菇會縮小，所以大膽的放多點沒關係，煮好的炊飯味道會很鮮美喔

7

電鍋外鍋放入1/2杯的水，再疊放上做法4的魚片，按下電鍋開關進行烹煮

8

等開關跳起後，打開鍋蓋，將小番茄放進魚裡，再蓋上鍋蓋，續燜約10分鐘

Note 若不喜歡生吃洋蔥絲也可一併放入

9

燜好後取出魚片，於頂面放上冰鎮過的洋蔥絲，再淋上檸檬汁，撒上香菜葉碎，即完成清蒸檸檬魚片

10

接著將芹菜碎撒入炊飯裡

11

用飯勺輕輕翻鬆拌勻，即完成玉米菇菇飯

Note 翻鬆米飯時可試試味道，若不夠鹹，可再加鹽調味

清蒸檸檬魚片

 小米桶的貼心建議

◎ 魚片可替換成喜愛的魚，比如台灣鯛、鱸魚
◎ 魚露與檸檬汁可以依口味喜好來調整用量

玉米菇菇炊飯

用白蘿蔔滷雞肉味道非常好，
白蘿蔔會帶有雞油的香氣，
而雞肉也會有白蘿蔔的清甜滋味喔！

4人份

雞翅 ⋯⋯8隻

白蘿蔔 ⋯⋯1/2根　　　　醬油 ⋯⋯4大匙

乾香菇 ⋯⋯4朵　　　　　米酒 ⋯⋯2大匙

水煮蛋 ⋯⋯4顆　　　　　糖 ⋯⋯1大匙

薑 ⋯⋯3片

水 ⋯⋯120毫升

1

將水煮蛋浸泡在調味料中
的醬油約10分鐘，中途
要翻動，使其上色，備用

2

將雞翅的三節切斷分開，
並放入滾水中汆燙，撈起
洗淨浮末；白蘿蔔去皮洗
淨，切成塊狀；乾香菇泡
軟，備用

3

將雞翅、白蘿蔔、香菇放
入內鍋，加入先前浸泡水
煮蛋的醬油、米酒、糖、
薑片混合均勻

4

再靜置約30分鐘，讓雞
翅、白蘿蔔、香菇充分的
入味

5

倒入120毫升的水在做法
4，並拌勻

6

電鍋外鍋加入1又1/2杯
的水，按下電源開關煮至
跳起，即完成蘿蔔燉雞翅

小米桶的貼心建議

雞翅可以替換成梅花肉
或五花肉

不需要繁複的食材與做法，
就能簡單輕鬆完成的芋泥豆沙茶巾果，
精緻可愛到讓人捨不得吃喔！

10個

芋頭 …… 350公克

白糖 …… 100公克

鮮奶 …… 3～5大匙

紅豆沙 …… 300公克

蜜紅豆 …… 少許，裝飾用

1

將芋頭切片，放進電鍋裡蒸至完全軟爛

2

趁熱壓成泥狀並加入白糖拌勻，再依情況加入鮮奶調整濕度

鮮奶依芋泥的軟硬度來決定用量，軟硬度約與紅豆沙差不多

3

再用網篩過篩成細緻的芋泥

4

將芋泥與紅豆沙均分成10等份，並搓成圓球狀，備用

5

取一張保鮮膜，放入1份芋泥與紅豆沙

6

再將保鮮膜扭緊

7

扭轉成如圖所示的茶巾果，續將所有茶巾果製作完畢

8

最後再放上一顆蜜紅豆做裝飾，即完成

小米桶的貼心建議

芋泥與紅豆沙可替換成南瓜泥、地瓜泥、紫色地瓜泥

紅 豆 年 糕

焦糖布丁

每年過年婆婆都會問做不做紅豆年糕，因為我紅豆下的量比一般年糕要多，整個糕體都可見到粒粒分明的紅豆，吃起來豆香十足，甜度也剛剛好，所以非常深受長輩們的喜愛喔！

7吋的圓模x1，或
7.5cm x 15cm 長型模x2
糯米粉 ⋯⋯300公克
清水 ⋯⋯240毫升
黃砂糖（二砂）
　⋯⋯200公克

紅豆 ⋯⋯150公克
清水 ⋯⋯400毫升
黃砂糖（二砂）
　⋯⋯100公克
紅（黑）糖 ⋯⋯50公克
鹽 ⋯⋯1/4小匙

1

紅豆洗淨泡水約半天，再放入鍋裡，加入淹蓋過紅豆5公分的水量，煮滾後，瀝掉水份去澀味，備用

2

將做法1去澀味的紅豆放入內鍋，加入400毫升的水，外鍋加入2杯水，按下開關煮至跳起後，燜約15分鐘

3

打開鍋蓋用筷子稍微翻拌幾下，於外鍋再加2杯水，按下開關，續蒸煮至開關跳起後，燜約15分鐘

4

再打開鍋蓋檢查紅豆是否已熟爛，若還不夠熟爛，則外鍋再加2杯水續蒸

5

等紅豆確定已煮至熟軟後才加入黃砂糖、黑糖、鹽

6

用筷子翻拌均勻，即完成蜜紅豆

7

將蜜紅豆用保鮮盒裝好冷藏一天，備用
剛做好的蜜紅豆還未完全吸進糖份，若能放置隔天味道會更佳，做出來的年糕才好吃

8

取一小鍋，加入水與黃砂糖，小火加熱至糖完全溶解，靜置待涼，備用
小火加熱至糖溶解即可，不用煮到滾

9

將糯米粉放入大盆中，分次加入做法8的糖水

10

攪拌均勻成糕糊狀

11

再加入蜜紅豆

12

輕輕的將蜜紅豆與糯米糊混合均勻

　　輕拌即可，勿用力的將紅豆拌碎

13

將錫箔盒墊上烘焙紙，或是年糕紙（又稱玻璃紙），倒入年糕糊

　　若沒有烘焙紙或是年糕紙，可在錫箔盒內抹上炒菜油

14

再將整個錫箔盒拿起，輕敲桌面，震出年糕糊內的空氣

　　輕震出空氣後，若表面有氣泡，可用刀尖或牙籤戳破，這樣蒸熟的糕面才會平整漂亮

15

電鍋架上蒸架，再倒入3杯滾水，放入做法14的年糕，按下開關，續蒸煮至開關跳起

　　可加蓋一張鋁箔紙防水蒸氣滴進年糕，鋁箔紙要稍折成拱起狀，以免碰到糕面

16

於外鍋再倒入3杯滾水續蒸煮至開關跳起後，用筷子插入糕體檢查是否還有生的年糕糊，若都熟了，則紅豆年糕即完成，並刷上少許油防止表面乾燥

焦糖布丁

用電鍋也能做出美味的焦糖布丁，
而且自己動手做的布丁真材實料，
濃郁的奶香味，滑嫩的入口即化喔！

材料 150毫升布丁模5個		
牛奶 ……400毫升		焦糖醬
白糖 ……50公克	白糖 ……80公克
雞蛋 ……3顆	清水 ……1大匙
蛋黃 ……1個	滾水 ……2大匙
香草精 ……1/4小匙	

1

製作焦糖醬。將白糖與清水放入鍋中，讓糖與水混合在一起

建議使用鍋身較厚的鍋子來煮焦糖，因為鍋子導熱效率好，熱度分佈均勻，可提高焦糖成功率

2

開火並且不可攪拌的加熱至冒出許多泡泡後，才可以開始晃動鍋子，讓糖色均勻

從砂糖溶化到冒泡泡這期間都不可以攪拌，否則會讓糖再復結晶，那麼焦糖口感就會沙沙的，甚至於煮失敗

3

糖開始轉為淡金黃色

4

糖轉為金黃色

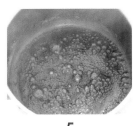

5

糖開始轉為琥珀色

Note 這時就要特別注意，因很快就會變成深琥珀色，苦味也跟著加重

6

等糖煮到想要的色澤與苦味時，先熄爐火，再倒入滾水

Note 倒入滾水時要小心，焦糖會劇烈噴濺，所以戴著手套，一手拿著鍋蓋，一手倒水，等水倒入後迅速蓋上鍋蓋

7

接著利用餘溫讓滾水與焦糖融合

鍋子裡殘餘的焦糖很難清洗乾淨，可將200毫升牛奶倒入鍋裡，加熱至焦糖溶解，就成為焦糖牛奶，食用時可在上頭淋些鮮奶油或是碎花瓣

8

趁熱將焦糖醬倒入布丁模，每個約1大匙，備用

9

多餘的焦糖漿可冷凍保存

10

製作布丁液。牛奶、白糖放入小鍋中,加熱至糖溶解,熄火,讓牛奶冷卻至手摸不燙的溫度,備用

　　牛奶不需煮至沸騰,只要糖溶解即可

11

將雞蛋與蛋黃輕輕打散

　　打蛋器前後左右的滑動,像是切斷蛋白似的將蛋打散,這樣就不會打出泡泡

12

再倒入做法10的溫牛奶混合均勻,再加入香草精拌勻

13

將布丁液用網篩過濾

14

再把布丁液倒入布丁模,約9分滿

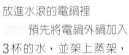

15

用鋁箔紙蓋住布丁模,再放進水滾的電鍋裡

　　預先將電鍋外鍋加入3杯的水,並架上蒸架,按下開關進行加熱

16

蓋上鍋蓋

17

蒸約20~25分鐘,至布丁表面有彈性,輕輕搖晃時不起皺折,即可取出,放涼後再放進冰箱冷藏

18

食用時可用小刀在布丁與布丁模之間劃一圈後,輕輕搖晃布丁模

19

取一盤蓋在布丁模上

20

再反轉倒扣出布丁,即完成脫模,可以準備開動囉

紅薯蒸蛋糕

用電鍋蒸蛋糕口感濕潤不乾燥，而且奶油用量較少，
吃起來沒有過多的負擔喔！

4～5個

地瓜 ‧‧‧‧ 去皮後80公克

白糖 ‧‧‧‧‧‧50公克

雞蛋 ‧‧‧‧‧‧1顆

牛奶 ‧‧‧‧‧‧75毫升

低筋麵粉 ‧‧‧‧‧‧120公克

泡打粉 ‧‧‧‧1又1/4小匙

融化的奶油 ‧‧‧‧‧15公克

黑芝麻 ‧‧‧‧‧‧1小匙

1

將地瓜去皮洗淨後切成0.7公分方塊，再放入耐熱容器倒入1大匙的水，蓋上微波專用的蓋子或保鮮膜微波，加熱2～3分鐘至熟軟，備用

2

此時預先將電鍋外鍋加入2又1/2杯的水，按下開關進行加熱

3

先將白糖與雞蛋混合均勻

4

再加入牛奶拌勻

5

將低筋麵粉與泡打粉混合均勻，並過篩2次後，加入做法4攪拌均勻

麵粉與泡打粉混合均勻過篩，麵糊較易拌至平滑，可防止過度攪拌產生筋性影響口感

6

加入融化的奶油，輕輕拌勻

拌麵糊的動作要以輕輕的壓拌方式，不可打圈攪拌，麵糊中若還有少許顆粒並不影響，蒸熟後就會消失

7

再加入2/3的熟地瓜與黑芝麻攪拌均勻

8

將麵糊分裝至墊入紙模的蒸杯裡，並將剩餘的地瓜放在表面做裝飾

9

再放進已經產生大量蒸氣的電鍋裡

10

蓋上電鍋蓋

11

蒸約15分鐘，即完成

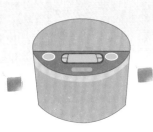

電子鍋是家家戶戶必備的小家電，普及率比傳統電鍋還高，操作方式簡單，特別適合生活忙碌、自己居住在外，或是烹飪新手。

電子鍋除了炊飯、煮粥的基本功能外，還能當成炒鍋、蒸鍋、湯鍋、烤箱，一鍋就能變出各種料理、飯麵、湯品、蛋糕、點心。

容易操作、烹調過程不必擔心廚房的油煙味四溢，還可煮出少油低脂的健康美味

電子鍋做料理的好處

操作方便簡單

只要按下炊飯鍵，不用看顧爐火，就能等著美味上桌。

零油煙真健康

利用蒸煮技巧，保留食材原味營養，做菜不再灰頭土臉吸滿油煙。

一鍋完成省時間

可以同時完成白飯與菜餚，或是同時完成 2～3 道菜。

多樣化、什麼料理都能做

各國料理、飯麵、湯品、蛋糕、點心，什麼料理都能做。

鍋蓋上的蒸氣出口

容易殘留炊飯時的水氣或米漿，使用完後用沾了溫水的抹布擦拭乾淨，再用乾抹布擦乾即可。

內鍋

清洗內鍋為每次使用完後的例行工作，清洗時不可以用硬質的菜瓜布或鋼刷，以免刮傷內鍋減少使用壽命。

內蓋

每次使用完後內蓋都會沾有水氣，若沒有按時清洗擦拭乾淨，很容易就會生繡、變色，或帶有異味。可拆卸下來的內蓋直接清洗乾淨，再擦乾水份；不可拆卸下來的則用沾了溫水的抹布擦拭乾淨，再用乾抹布擦乾即可。

電子鍋的清潔保養

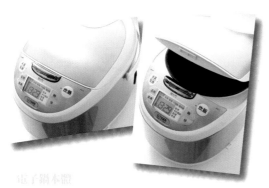

電子鍋本體

清潔時不可以浸入水中，或讓插頭沾到水，以免水侵入開關部位或插頭處，導致漏電或故障。只需用沾了溫水的抹布或柔軟的海綿擦拭乾淨後，再用乾抹布擦乾淨即可，若內部有卡到飯粒汙垢，則可用竹籤或筷子剔除。

電子鍋的使用小秘訣

善用電子鍋所附的蒸盤,以及用鋁箔紙包裹食材放入米中同煮,就能一次完成米飯和1~2道菜。

用電子鍋做什錦炊飯、番茄肉醬、咖哩 ... 等味道濃烈的料理,不要長時間放在鍋內保溫,以避免鍋內殘留味道。

洗米時不要直接用內鍋盛米清洗,應該要另取一容器將米洗淨再放入內鍋,這樣才不容易刮花內鍋,延長使用壽命。

鮮蚵炊飯

1鍋
吃飽

加了肥美的蚵仔、木耳、紅蘿蔔烹煮出的炊飯，再拌
入特調的醬汁，每一口都是鮮味十足的大海滋味。

2人份

白米……1又1/2量米杯	
蚵仔(牡蠣)……300公克	醬油……2大匙
鮮木耳……1大朵	糖……1小匙
紅蘿蔔……1/3根	熱開水……1大匙
薑……3片	蒜末……1/2小匙
清水加煮蚵仔湯汁	香油……1小匙
……1又1/2量米杯	炒香白芝麻……1/4小匙
昆布……5公分段長	
米酒……1大匙	
蔥花……適量	

1

將木耳、紅蘿蔔、薑切絲；拌飯醬汁混合均勻；白米洗淨，用清水浸泡約20分鐘，備用

2

將蚵仔加入適量的太白粉輕輕抓拌，再邊沖洗邊將皺摺處的細碎蚵殼挑出，重複2～3次，瀝乾水份

3

取一小湯鍋，放入份量外100毫升的水，煮滾後，放入蚵仔拌幾下，之後即可熄火

4

將蚵仔與湯汁分開，備用
湯汁若不足1又1/2量米杯，請加入清水補足份量，用於烹煮米飯

5

將米放入電子鍋的內鍋，再放入木耳、紅蘿蔔、薑絲、昆布

6

再放入蚵仔與湯汁

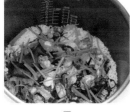

7

蓋上鍋蓋，選單設定成「什錦飯、糯米飯」，按下炊飯鍵，至烹煮完成

8

最後再撒入蔥花，邊將炊飯翻鬆，邊加入拌飯醬汁，即完成

◯◯ 小米桶的貼心建議

蚵仔與米同時烹煮，完成的炊飯會充滿蚵仔的鮮味；若想吃到鮮嫩的蚵仔，則在炊飯烹煮完成後，才加入燜約5分鐘，因此可依喜好來決定蚵仔入鍋的順序

沖繩塔可飯

1鍋吃飽

在沖繩讓我著迷的日式洋食，改良至墨西哥捲餅 Taco，
保留了內餡食材，把外面的餅皮換成米飯，
就變成沖繩特有的異國料理「沖繩塔可飯 Taco Rice」。

材料　**2 人份**

番茄 ⋯⋯ 中小型的1/2個
萵苣生菜 ⋯⋯2片葉
起司粉 ⋯⋯ 適量
白米 ⋯⋯2人份量
清水 ⋯⋯ 與米等量

塔可肉醬

豬絞肉 ⋯⋯100公克
牛絞肉 ⋯⋯100公克
洋蔥 ⋯⋯1/4顆，切碎
蒜頭 ⋯⋯1瓣，切碎
薑末 ⋯⋯1/4小匙

調味料

番茄醬 ⋯⋯3大匙
咖哩粉 ⋯⋯1大匙
鹽與黑胡椒粉 ⋯⋯ 適量
炒菜油 ⋯⋯1大匙

南瓜鮪魚沙拉

材料　**2 人份**

南瓜 ⋯⋯150公克
雞蛋 ⋯⋯1顆
鮪魚罐頭 ⋯⋯1小罐，
　　約98公克
洋蔥碎末 ⋯⋯1大匙
美奶滋 ⋯⋯1大匙
黑胡椒粉 ⋯⋯ 少許

1

番茄去籽切小塊；萵苣生
菜洗淨，泡入冰水，等變
冰脆時，瀝乾水份，切細
絲，備用

2

南瓜切薄片用鋁箔紙包
裹；雞蛋洗淨也用鋁箔紙
包裹，備用

舊用鋁箔紙包裹食材放入米
中同煮，就能一次完成米飯
和1〜2道配菜

3

將塔可肉醬所有材料與調味料放入大碗中

4

用筷了稍微混合均勻後，備用

稍微拌勻即可，這樣蒸好的肉醬才會鬆散不黏在一起

5

將做法1放入電子鍋蒸盤中，並放上用鋁箔紙包裹的南瓜與雞蛋

鋁箔紙包裹的南瓜與雞蛋，也可以放在米上一起烹煮，更容易熟

6

米洗淨放入內鍋加水，再放上做法5的蒸盤，蓋上鍋蓋，選單設定成「同時烹煮、白米」，按下炊飯鍵，開始進行烹煮

7

烹煮完成後，打開鍋蓋，取出鋁箔紙包裹的南瓜與雞蛋，備用

8

再將蒸盤裡的肉醬用叉子搗鬆，備用

9

將蒸熟的南瓜與雞蛋切碎，加入搗鬆的罐頭鮪魚、洋蔥末、美奶滋、黑胡椒粉

10

混合均勻，即完成南瓜鮪魚沙拉

11

將熱米飯盛於盤中，放上做法8的肉醬

12

鋪上萵苣生菜絲

13

再撒上番茄丁與起司粉，即完成沖繩塔可飯

14

將沖繩塔可飯與南瓜鮪魚沙拉組合在一起，即成為套餐

小米桶的貼心建議

◎ 塔可肉醬中的豬肉可增加滑嫩口感，而牛肉主要是讓肉醬帶有肉的香氣，若不吃牛肉，則可以全部使用豬肉來製作

◎ 也可以在塔可飯頂面撒上起司絲，放入烤箱焗烤至表面金黃酥香。或是再覆蓋半熟的滑蛋，像滑蛋蛋包飯一樣

番茄肉醬

只有牛與豬肉、洋蔥、紅蘿蔔、芹菜、番茄，
用料雖然簡單，沒有任何香料，但燉出來的滋味，
卻非常的濃郁美味。

材料 12人份

牛絞肉 ……250公克	罐頭番茄 ……2罐，
豬絞肉 ……250公克	切碎
中小型洋蔥 ……2顆，	奶油 ……30公克
切碎	番茄糊 ……3大匙
紅蘿蔔 ……1/2根，	高湯 ……300毫升
切碎	鹽和黑胡椒粉 …… 適量
芹菜 ……1支，切碎	

1

將電子鍋的選單設定成「調理」，烹煮時間設定為60分鐘，按下炊飯鍵，開始進行加熱，並將奶油加熱後，放入洋蔥炒出香味

2

放入牛絞肉、豬絞肉，翻炒至肉變色

用牛肉製作出的肉醬最美味了，若是再增加適量的豬肉，能讓番茄肉醬更具鮮嫩口感

3

將切碎的紅蘿蔔、芹菜放入鍋內拌炒數十下

芹菜可拍自物油甲味料以更適準身增一而料此如以養放出硫菜未知的甜湮味

4

加入切碎的罐頭番茄拌炒均勻

製做肉醬時，使用罐頭番茄會比新鮮番茄來的更香、更好吃喔

5

加入番茄糊與高湯混合均勻，蓋上鍋蓋，烹煮約50分鐘

6

最後再加鹽與黑胡椒粉調味，即完成番茄肉醬

製作好的肉醬，若能放置一夜再食用，風味會更佳

小米桶的貼心建議

建議一次可以燉大鍋一點，等完全冷卻之後再分裝小份，然後平舖於冰箱冷凍庫內，可冰凍保存約 1 個月，日後隨時可以取出使用；若是存放於冰箱冷藏區，則盡快於 4 天內食用完畢。除了用來拌義大利麵吃，也可以變化成各種料理喔

鮮菇牛肉丼

1鍋
吃飽

鮮菇牛肉丼簡單美味又營養，
搭配半熟的蛋更是誘人食慾。
利用電子鍋的蒸盤就能讓米飯與牛肉
同步烹煮完成喔！

2 人份

牛肉片 ……200公克

洋蔥 ……1/2個　　　　　醬油 ……2大匙

鴻喜菇 ……1盒　　　　　米酒 ……1大匙

蔥花 …… 適量　　　　　糖 ……1又1/2小匙

半熟水波蛋 ……2顆　　　太白粉 ……1小匙

白米 ……2人份量　　　　香油 ……1小匙

清水 …… 與米等量

1

將肉片切成適當大小後，加入醬油、米酒、糖拌勻，再加入太白粉、香油混合均勻

2

加入切細絲的洋蔥

洋蔥切細一點，較易蒸透，甜度也能完全釋放出來

3

混合均勻醃約15分鐘，備用

4

將混了洋蔥絲的肉片放入電子鍋蒸盤中，再放入鴻喜菇

5

米洗淨放入內鍋加水，再放上做法4的蒸盤

6

蓋上鍋蓋，選單設定成「同時烹煮、白米」，按下炊飯鍵，至烹煮完成

7

將米飯盛於碗中，放入煮熟的牛肉與鴻喜菇，灑上蔥花，放上半熟的水波蛋，即完成

小米桶的貼心建議

水波蛋可參考第170頁的「微波爐水波蛋」做法

中式炒油麵

1鍋吃飽

電子鍋也可以炒麵喔！
只要按照食材熟成難易程度，
依序的放入電子鍋後，按下炊飯鍵，
就能在旁等著炒麵完成啦！

2人份

油麵 ……350公克
肉片 ……120公克
蝦米 ……1大匙
蒜頭 ……2瓣，切碎
紅蘿蔔 ……1/4根，切絲
鮮香菇 ……6朵，切絲

豆芽菜 ……150公克
韭菜 ……50公克，切小段
高湯或清水 ……80毫升
紅蔥酥 ……1大匙
糖和香油 ……1小匙
鹽和白胡椒粉 …… 適量

肉片調味料

醬油、米酒、香油 …… 各1小匙
白胡椒粉 …… 少許

油麵調味料

醬油1/2大匙、醬油膏1大匙

92

1

將肉片加入調味料混合均勻，備用

2

油麵用熱水快速沖洗一遍，瀝乾水份

油麵用熱水沖洗可以去除多餘的油脂，吃起來更順口清爽

3

再加入調味料混合均勻，備用

Note 油麵拌入醬油除了調味，也能讓麵條均勻上色

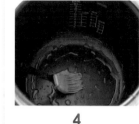

4

電子鍋的內鍋抹上少許油

5

將肉片攤開放入內鍋，再放入洗淨的蝦米、蒜頭碎

Note 肉片勿整團的放入內鍋，以避免肉熟的不均勻

Note 蝦米沖洗後用少許米酒或紹興酒浸泡，可以提升香氣

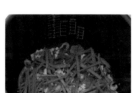

6

接著放入紅蘿蔔絲

Note 紅蘿蔔較不易熟，所以要放在鍋底

7

放入做法3的油麵

8

再放入豆芽菜、香菇絲與高湯

9

蓋上鍋蓋，選單設定成「調理」，按下炊飯鍵，開始進行烹煮約10～15分鐘

10

打開鍋蓋，撒上韭菜，續燜約1分鐘

11

再加入紅蔥酥、香油、糖、白胡椒粉混合均勻，並視情況，決定是否加鹽調整鹹度，即完成

1鍋
吃飽

韓式辣燉雞

甜甜辣辣的韓式辣燉雞非常的下飯,我最愛的是年糕裹著
甜辣醬汁的軟糯口感,煮這道料理時白飯可要多煮點喔!

4人份

雞腿 ⋯⋯500公克
馬鈴薯 ⋯⋯ 中小型的2個
紅蘿蔔 ⋯⋯1/2根
洋蔥　　　1/2個
大蔥(京蔥)⋯⋯1支
韓式條狀年糕 ⋯⋯12條
清水 ⋯⋯200毫升

韓國辣椒醬
　⋯⋯1又1/2大匙
韓國辣椒粉 ⋯⋯1大匙
　若怕辣可省略
醬油 ⋯⋯1又1/2大匙
蒜末 ⋯⋯1/2大匙
白糖 ⋯⋯1/2大匙
白胡椒粉 ⋯⋯ 少許
芝麻油(香油)
　⋯⋯1/2大匙
炒香的白芝麻
　⋯⋯1/2大匙

1

雞肉剁大塊，放入滾水汆燙後撈起洗淨，擦乾水份

2

將馬鈴薯、紅蘿蔔、洋蔥切成塊狀；大蔥切斜片；年糕放入滾水中汆燙，撈起泡入加了鹽的冷水中，備用

3

將雞肉、馬鈴薯、紅蘿蔔、洋蔥加入調味料

　　　年糕也可以一起醃，但放入內鍋時要挑起放在最上面

4

充分混合拌勻後醃約30分鐘，備用

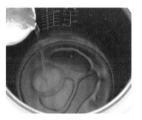

5

將內鍋倒入200毫升的清水，電子鍋的選單設定成「調理」，按下炊飯鍵，開始進行加熱至沸騰

6

再放入做法4醃入味的雞肉、馬鈴薯、紅蘿蔔、洋蔥，接著將年糕放在最上面

　　　年糕放在最上面也是避免黏鍋底

7

蓋上鍋蓋，進行烹煮約20分鐘後，打開鍋蓋撒上大蔥

8

再用木勺輕拌均勻，即完成韓式辣燉雞

韓國藥飯

以韓文直接翻譯稱爲藥食 (약 식 • yaksik) 或藥飯 (약 밥 • Yakbap)，
是上元節 (正月十五) 要吃的糕點之一，
韓國人也喜歡在春節時煮藥飯贈送給親朋好友以表祝福，所以又可稱爲餪糕。

【材料】4～6人份

圓糯米 ⋯⋯2量米杯
鮮栗子 ⋯⋯10個
紅棗 ⋯⋯10個
葡萄乾 ⋯⋯2大匙
核桃 ⋯⋯2人匙

肉桂粉 ⋯⋯1/2小匙
芝麻油 ⋯⋯2大匙
鹽 ⋯⋯1/4小匙
清水 ⋯⋯1又1/4量米杯

【調味料】

醬油 ⋯⋯3大匙
黑糖(紅糖)⋯⋯7大匙

【裝飾料】

切絲紅棗、南瓜子
⋯⋯ 適量

1

將糯米洗淨，用清水淨泡4～6小時後瀝乾水份；鮮栗子去皮後切小塊；紅棗洗淨去核切小塊；核桃用手剝成小塊；調味料混合均勻，備用

2

將糯米以及調味料，放入內鍋中混合均勻

3

再放入栗子、紅棗、葡萄乾、核桃

4

蓋上鍋蓋，選單設定成「什錦飯、糯米飯」，按下炊飯鍵，至烹煮完成

5

打開鍋蓋，用飯勺由下往上輕輕翻鬆，備用

6

等糯米飯的溫度稍微降溫後，分小份用保鮮膜包住，捏整成球狀，再用南瓜子與紅棗絲做裝飾，即完成

7

或是放入四方平盤中緊密壓實，再分切小塊做裝飾

小米桶的貼心建議

鮮栗子可替換成乾燥的栗子，但要事先泡軟

肉末豆腐滑蛋飯

肉末豆腐滑蛋丼的靈感是來自於 Vivien 食譜書的免治牛肉滑蛋飯，雖然
做法用料快速簡單，但美味度卻是一級棒喔！

材料 **2 人份**

豬絞肉 ⋯⋯150公克	白米 ⋯⋯2人份量	豬絞肉醃料
嫩豆腐 ⋯⋯1/2盒	清水 ⋯⋯ 與米等量	醬油 ⋯⋯2小匙
冷凍青豆 ⋯⋯50公克		米酒 ⋯⋯1小匙
雞蛋 ⋯⋯2顆，	調味料	蒜頭 ⋯⋯1瓣，切碎末
加鹽打散成蛋液	高湯 ⋯⋯50毫升	白胡椒粉 ⋯⋯ 少許
蔥花 ⋯⋯ 適量	醬油 ⋯⋯2大匙	香油 ⋯⋯1/2大匙
	糖 ⋯⋯1/2大匙	太白粉 ⋯⋯1/2小匙

1

絞肉先加入醬油、米酒、蒜頭、白胡椒粉，用快子混合均勻

Note 絞肉若帶有血水，請先用廚房紙巾吸去血水

Note 盡量不要讓絞肉起膠產生黏性，蒸熟才容易成鬆散狀

2

將太白粉加入1/4小匙清水調成濃稠的太白粉水，拌入絞肉，再加香油混合均勻，備用

Note 太白粉水、香油可形成一個保護膜，封住肉汁，保持鮮嫩

3

將嫩豆腐用手剝成大塊放進電子鍋蒸盤

4

分散的擺入做法2的絞肉

5

放入預先快速汆燙過的青豆，再將調味料混合均勻後，倒入蒸盤中

Note 青豆預先放入滾水中快速燙過，以去除冷凍的霜味

6

米洗淨放入內鍋加水，再放上做法5的蒸盤，蓋上鍋蓋，選單設定成「同時烹煮、白米」，按下炊飯鍵，開始進行烹煮

7

等進行烹煮的時間顯示剩下10分鐘時 ...

8

打開鍋蓋，淋入蛋液，再蓋上鍋蓋續烹煮至時間結束

9

燜好後再撒上蔥花

Note 撒蔥花前可先試味道，決定是否加鹽調整鹹度

10

再將肉末豆腐滑蛋與白飯一起盛盤，即完成肉末豆腐滑蛋飯

小米桶的貼心建議

冷凍青豆可用玉米粒或冷凍綜合三色蔬菜，或是替換成各式菇類

小米桶的貼心建議

◎ 南瓜可以替換成馬鈴薯、地瓜
◎ 配料也可以自由變化，比如：
　　香腸、火腿、蒜苗（或 Leek）、
　　蘑菇、甜椒

南瓜烘蛋

電子鍋做烘蛋很方便，輕輕鬆鬆就能完成，零失敗。
加了南瓜的烘蛋，帶有南瓜與洋蔥的香甜、
培根的鹹香，非常好吃喔！

材料 4～6人份

南瓜 ……300公克，
　　切成薄片
洋蔥 …… 中小型的1個
蒜頭 ……2瓣，切碎末
培根 ……3片
雞蛋 ……5顆

牛奶 ……2大匙
起司絲 ……35公克
鹽和黑胡椒粉
　　…… 手捏一小撮
奶油 ……15公克，
　　炒洋蔥南瓜用

1
將南瓜連皮刷洗乾淨後，切成小塊薄片；洋蔥、培根切丁，備用

2
雞蛋加入牛奶打散，再加入起司絲、鹽、黑胡椒粉拌勻，備用

3
將電子鍋的選單設定成「調理」，烹煮時間則設定為40分鐘，按下炊飯鍵，開始進行加熱，並將奶油、洋蔥、蒜頭末、培根放入內鍋炒出香味

4
再放入南瓜翻炒數十下後，蓋上鍋蓋，燜煮約5分鐘至南瓜熟軟

5
接著打開鍋蓋，倒入做法2的蛋液

6
將南瓜炒料與蛋液混合均勻後，再蓋上鍋蓋

7
續加熱至時間結束

8
取出內鍋，將南瓜烘蛋倒扣在盤子上，即完成

小米桶的貼心建議
也可在拌飯中加入三島香
鬆或是櫻花蝦增加風味

鮭魚拌飯

1鍋吃飽

清爽不油膩的鮭魚拌飯是以前與老爺到京都旅遊時品嘗到的，米飯裡混著鮭魚肉、小黃瓜、碎雞蛋，食用時再撒上烤到酥脆的櫻花蝦，實在是太好吃啦！

材料 2～3人份

鮭魚 …… 250公克
小黃瓜 …… 1根
雞蛋 …… 2顆
白米 …… 1又1/2量米杯
清水 …… 1又1/2量米杯
昆布 …… 5公分段長
檸檬汁 …… 1～2小匙
鹽和黑胡椒粉 …… 適量

鮭魚調味料

米酒 …… 1大匙
薑片 …… 2片，切絲
蔥 …… 2支，切段長
鹽 …… 少許

1
將鮭魚洗淨擦乾水份，放入電子鍋的蒸盤中，再淋入米酒，撒上少許鹽，放上薑絲與蔥段
Note 部份蔥段可以墊在鮭魚底下

2
將白米洗淨放入內鍋，擺入昆布與清水，浸泡約20分鐘後，再放入做法1的蒸盤

3
蓋上鍋蓋，選單設定成「同時烹煮、白米」，按下炊飯鍵，至烹煮完成

4
將蒸熟的鮭魚挑出魚肉並搗成碎狀，再擠入檸檬汁拌勻，備用

5
小黃瓜切去中間的芯，再切成小丁狀

6
雞蛋加入份量外的少許米酒與鹽攪打均勻，入鍋炒成熟散狀，備用

7
將米飯翻鬆並等到變微溫後，加入鮭魚、小黃瓜、雞蛋

8
邊拌邊加鹽和黑胡椒粉調整鹹度，即完成

○
○ **小米桶的貼心建議**

想做出道地美味的日式料理，和風高湯是不可缺的基礎配料喔！用不完的高湯可以倒入製冰盒中冰凍成高湯塊，之後隨時取用，若不冰凍，可放入冰箱冷藏保存約 3 天

柴魚高湯做法
將 500 毫升的清水煮滾後轉最小火，再放入 8 公克的柴魚片續煮約 30 秒，熄火，等待約 5 分鐘至柴魚片沈入鍋底，再以鋪有紗布的篩網過濾，即為柴魚高湯

親子丼

1鍋吃飽

再煮一道豆腐味噌湯搭配親子丼，
就能迅速的完成一餐飯，簡單快速又美味，
是我想偷懶或煩惱不知要煮什麼飯菜時的懶人饗。

2人份

去骨雞腿肉 ⋯⋯250公克	醬油 ⋯⋯1又1/2大匙
洋蔥 ⋯⋯1/2個，切細絲	米酒 ⋯⋯1大匙
雞蛋 ⋯⋯2顆，打散	糖 ⋯⋯2小匙
蔥 ⋯⋯1支，切斜片	
白米 ⋯⋯2人份量	
清水 ⋯⋯ 與米等量	醬油 ⋯⋯1小匙
	米酒 ⋯⋯1小匙
	太白粉 ⋯⋯1/4匙小匙

柴魚高湯，或清水
　　　⋯⋯50毫升

1

雞肉切成一口大小，加入
醃料拌勻

用電子鍋做親子丼，若將雞
肉先醃過再放入丼，日本口
較能讓肉吃起保有彈性

2

再加入洋蔥絲混合均勻醃
約15分鐘，備用

洋蔥切細一點，較易
蒸透，甜度也能完全釋放
出來

3

將混了洋蔥絲的雞肉放入
電子鍋蒸盤中

4

再將調味料混合均勻後倒
入蒸盤

5

米洗淨放入內鍋加水，再
放上做法4的蒸盤，蓋上
鍋蓋，選單設定成「同時
烹煮、白米」，按下炊飯
鍵，開始進行烹煮

6

等進行烹煮的時間顯示剩
下10分鐘時 ⋯

7

打開鍋蓋，淋入蛋液，再
蓋上鍋蓋繼續烹煮至時間
結束

8

再撒上蔥段，再將雞肉滑
蛋淋倒在白飯上，即完成
親子丼

1鍋
吃飽

薑黃雞肉飯

薑黃雞肉飯是改良自印度的薑黃飯，
我非常喜歡拌有葡萄乾的米飯，
香香微甜的滋味，
讓米飯增加豐富的層次口感。

小米桶的貼心建議

薑黃(Turmeric)又稱黃薑，其根莖所
磨成的深黃色粉末是咖哩的主要香料之
一，在大型超市可購買到

材料　　3人份

去骨雞腿肉 ……300公克
洋蔥 ……1/2個
白花椰菜 ……250公克
青豆 ……1量米杯，
　　約100公克
香菜 ……3株
白米 ……1又1/2量米杯
雞湯 ……1又1/2量米杯

薑黃粉 ……1小匙
葡萄乾 ……3大匙
鹽和黑胡椒粉 …… 適量

雞肉調味料

醬油 ……1大匙
米酒 ……1大匙
太白粉 ……1小匙
香油 ……1小匙

1

雞肉切成一口大小，加入調味料拌勻；白米洗淨，用清水浸泡約20分鐘；洋蔥切小丁；白花椰菜切小朵；青豆放入滾水中燙過，瀝乾水份；香菜切小段，備用

2

熱鍋，放入雞肉煎至6分熟並且表面微焦上色，盛起備用

雞肉不用煎到全熟，只要煎出香味即可，因之後還會與米同煮

3

續以原鍋，放入洋蔥炒至半透明並散發出香味

4

放入瀝乾水份的白米、薑黃粉

5

拌炒至米粒均勻上色，並收乾鍋內的水份

拌炒過的米粒會帶有微焦香氣，還能縮短烹煮的時間喔

6

再加入做法2的雞肉稍微拌炒均勻

7

將做法6的雞肉炒米放進電子鍋的內鍋

8

均勻鋪上白花椰菜

9

倒入雞高湯，蓋上鍋蓋，選單設定成「什錦飯、糯米飯」，按下炊飯鍵，至烹煮完成

10

烹煮時間結束，放進青豆與葡萄乾，續燜約5分鐘

11

接著將雞肉飯輕輕的翻鬆，讓配料混合均勻，並加鹽和黑胡椒粉調整味道

12

最後再撒上香菜碎拌勻，即可盛盤上桌開動囉

臘味菜飯

1鍋吃飽

把青菜快速燙軟後切絲，
再將比較不怕燜黃的菜梗與米同煮，
等飯煮完成再放入剩餘的菜葉續燜，
這樣煮好的菜飯不只能帶有青菜香，
還能讓菜葉保持鮮綠色。

材料 3～4人份

臘肉 …… 120公克，
　　或臘腸、香腸、培根
青江菜 …… 500公克
蒜頭 …… 2瓣
白米 …… 2量米杯
清水 …… 2量米杯
白胡椒粉 …… 適量
鹽 …… 適量

1

青江菜洗淨，放入滾水中快速燙約3~5秒變軟，撈起泡入冷水，等降溫後擠掉水份，切成細絲，並取出一半菜梗，備用

2

臘肉放入燙青菜的熱水裡，用筷子夾著在水裡來回滑動幾下，以去除灰塵污物，再切成小丁；白米洗淨後瀝乾水份；蒜頭切成碎末，備用

3

熱油鍋，放入臘肉煎炒至出油並微焦後，放入蒜頭炒出香味

4

再放入瀝乾水份的白米

5

翻炒均勻

6

加入菜梗翻炒數下

7

再加入白胡椒粉、一撮鹽調整味道

8

將炒好的生米飯放入內鍋，加入清水，蓋上鍋蓋，選單設定成「什錦飯、糯米飯」，按下炊飯鍵，至烹煮完成

9

打開鍋蓋，均勻鋪上剩餘燙軟的青江菜，續燜3~5分鐘

10

再用飯勺由下往上翻鬆拌勻，並再次加白胡椒粉、鹽調整味道，即完成

小米桶的 TIPS 與貼心建議

◎ 我特意選肥肉多點的臘肉，先炒肥的部份，等出油後，再放入瘦的部份炒香，且菜飯要油脂多點，吃起來才香，才不會有青菜的澀味

◎ 若覺得青菜先燙過，浪費了菜葉的香氣與營養，則可做另一變通方法，先將菜切絲 (建議用有機菜)，用少許蒜頭炒軟後，盛起瀝出湯汁，用湯汁來替代清水煮飯，等飯煮熟、燜好後，把炒青菜放入燜約3~5分鐘，再拌勻即可

◎ 臘肉與臘腸在風乾或是販賣的過程，難免沾染到空氣中的灰塵，若是直接以冷水沖洗或擦拭，是不容易將表面被油脂沾黏住的灰塵雜質去除，所以可放入熱水裡來回滑水幾下，但不可泡，甚至是煮，這樣鮮味會流失在水裡，若真覺得臘肉與臘腸過乾硬，可滑水去雜質後，放入電鍋裡蒸，再連同汁液進行烹煮

小米桶的貼心建議
可替換成各式各樣的義
大利麵或通心麵

鮮菇奶油義大利寬麵

1鍋
吃飽

用電子鍋烹煮義大利麵條會呈現出特有的口感，
麵條盡量選擇短型的通心麵，若使用長條型麵，
則要折斷並以放射狀的放入內鍋裡，
就能煮出好吃的義大利麵條囉！

1

將電子鍋的選單設定成
「調理」，按下炊飯鍵，開
始進行加熱，並將奶油、
洋蔥、蒜頭末、培根放入
內鍋炒至洋蔥熟透後，盛
起備用

材料 **2人份**

洋蔥 ……1/2個，切絲	義大利寬麵 …160公克	奶油 ……10公克
培根 ……4條，切條狀	高湯 ……400毫升	鹽和黑胡椒粉 …… 適量
蒜頭 ……1瓣，切碎末	鮮奶油 ……60毫升	起司粉 …… 適量
鴻喜菇 ……1盒	牛奶 ……100毫升	

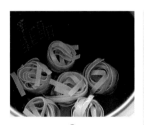

2

在內鍋裡倒入高湯，放入
義大利寬麵

若是使用長形義大利細麵
時要折斷，且以放射狀放入內鍋

3

蓋上鍋蓋，燜煮至寬麵7
分熟軟

Note 煮的途中要適時打開
鍋蓋翻動，這樣麵才會熟
的均勻

4

等麵煮軟後，放入做法1
的炒培根洋蔥、鴻喜菇、
牛奶，續燜煮約3分鐘

5

加入鮮奶油，用筷子翻拌
均勻，再加入鹽和黑胡椒
粉調味，即可盛於盤中，
撒上起司粉，即完成

蘋果豬肉咖哩

用蘋果來煮咖哩可以幫助肉類燉至軟爛，
而且水果獨特的果香和甜份，
也能讓咖哩有自然清新的風味。

材料　4人份

豬梅花肉 ……350公克
蘋果 …… 中小型的2顆
洋蔥 ……1個
馬鈴薯 …… 中小型的2個
紅蘿蔔 ……1根
咖哩粉 ……1小匙
咖哩塊 ……3～4塊
清水 ……800毫升

1
梅花肉切塊，放入滾水中
汆燙，撈起洗淨瀝乾水
份；蘋果去皮、去核，切
塊；洋蔥切塊；馬鈴薯、
紅蘿蔔去皮切塊，備用

2
將電子鍋的選單設定成
「調理」，烹煮時間則設定
為60分鐘，按下炊飯鍵，
開始進行加熱，內鍋加適
量的油，放入梅花肉、洋
蔥炒出香味

3
再加入蘋果、馬鈴薯、紅
蘿蔔翻炒數下

4
加入咖哩粉拌炒均勻

5
倒入清水拌勻，蓋上鍋
蓋，進行烹煮約40分鐘
至肉軟爛

6
再打開鍋蓋放入咖哩塊
咖哩塊先放入3塊，
若覺味道不夠，才放入第
四塊，以避免一次放入過
鹹無法補救

7
用木勺輕拌至咖哩塊溶
化，即完成蘋果豬肉咖哩
放置隔夜的咖哩，會
比剛製作完成的更加香濃
好吃

海鮮燉飯

如奶油般香氣濃郁、口感濃稠滑順的燉飯，是深受大家喜愛的義式料理，
其實在家也能用電子鍋輕鬆的做出美味燉飯喔！

2人份

白米 ……1量米杯
蝦仁 ……120公克
干貝 ……120公克
洋蔥 ……1/2個
番茄 ……1個
奶油 ……20公克
高湯 ……500毫升
鹽和黑胡椒粉 …… 適量
蔥花 …… 適量

1

番茄用刀在皮上輕劃十字，再放入水滾的鍋中煮至皮稍微捲起，撈起泡入水中，並將番茄皮剝去

Note 番茄不要煮過久，會過於軟爛喔

2

蝦仁與干貝洗淨後，用廚房紙巾將水份徹底吸乾；洋蔥切細丁；番茄去籽切丁，備用

3

將電子鍋的選單設定成「調理」，烹煮時間則設定為60分鐘，按下炊飯鍵，開始進行加熱，並將1/2量的奶油加熱後，放入蝦仁與干貝翻炒至6分熟，取出備用

4

再用剩下的奶油將洋蔥炒出香味

Note 燉飯的米通常是不洗直接下鍋，若想加速熟成以入味的速度，可將米洗淨並浸泡約20分鐘

5

放入白米拌炒數十下

6

加入番茄丁以及400毫升的高湯拌勻，蓋上鍋蓋，烹煮至米粒9分熟

Note 中途要打開鍋蓋稍微翻拌米粒，並觀察是否需要加入高湯

7

再打開鍋蓋，用木勺邊攪拌邊將剩餘的高湯分次加入鍋內，調整成想要的濃稠度

Note 要不斷適時的攪動，燉飯才會產生濃稠糊化的口感

8

加入先前炒過的蝦仁與干貝混合均勻

Note 海鮮易熟，等到快完成時再加入，吃起來才會鮮甜不過老

9

再加入鹽和黑胡椒粉調整味道後，關掉電子鍋電源，將燉飯盛於盤中，撒上蔥花，即完成

小米桶的貼心建議

蛋糕麵糊材料預先秤好備用，等開始拌麵糊時，就可以先把電子鍋的電源按下，先讓內鍋的蘋果加熱，等麵糊拌好馬上倒入內鍋，這樣蛋糕裡的泡打粉才能有效的發揮作用，完成的蛋糕才會鬆發可口，若擔心動作來不及，可以等麵糊準備放進麵粉時，按下電子鍋電源即可

蘋果蛋糕

用電子鍋做蛋糕雖然外型無法像烤箱烤的那麼漂亮，
但因為是蒸的，所以口感上反而較濕潤，吃起來不會乾澀喔！

材料 **4～6人份**

白糖……40公克
清水……2小匙
無鹽奶油……15公克
蘋果……3個
檸檬汁……1又1/2大匙

蛋糕麵糊材料
10人份電子鍋內鍋

無鹽奶油……150公克
白糖……150公克
雞蛋……4顆
香草精……1/2小匙
低筋麵粉……200公克
泡打粉……2小匙

無鹽奶油預先從冰箱拿出，使其回軟

低筋麵粉、泡打粉混合均勻後，再用網篩過篩2次

雞蛋預先從冰箱拿出，使其回溫，並打散成為蛋液

1

鍋中放入奶油加熱至融化時放入白糖

2

燒至糖溶化，並變成淡琥珀色

3

再放入切片的蘋果，煮至蘋果稍微變軟，盛起備用

4

將蘋果排入內鍋，並淋入4大匙的煮蘋果汁液，電子鍋的選單設定成「調理」，按下炊飯鍵，開始進行加熱

內鍋要預先抹入薄薄的一層奶油

5

奶油與糖打至鬆發微微變白

6

再將蛋液分3～4次加入拌勻

每次蛋液加入拌均勻後，才可繼續添加

7

加入過篩好的低筋麵粉與泡打粉

8

以橡皮刮棒由底部往上輕壓拌成麵糊

拌麵糊時不可過度攪拌，以避免造成出筋，麵糊略帶顆粒沒關係，加熱後會消失

9

將麵糊倒入做法4的內鍋中，並用橡皮刮棒將表面抹成邊緣較高、中間凹陷的形狀

10

蓋上鍋蓋，加熱約20分鐘後，用竹籤刺入中心，取出若沒沾黏麵糊，即加熱完成，關掉電源

11

取出內鍋，等稍微降溫後，再倒扣在大盤子上，即完成

免揉麵團的肉桂捲

免揉超軟基本麵團是採用周淑玲老師的配方。
我非常喜歡這個配方，完成的麵包香甜柔軟，
密封好存放3天，口感依舊柔軟不乾硬喔，
當然還有免揉這個因素，只要把麵團啷一啷，
放進冰箱等待發酵就行啦！

小米桶的貼心建議
◎ 也可以在完成的肉
　桂捲頂面淋上糖霜
◎ 糖霜材料：糖粉40
　公克、熱牛奶1/2
　大匙、香草精少許、
　鹽少許

1

將免揉超軟基本麵團 a~f 稍微拌勻

2

再加入融化奶油與過篩的高筋麵粉

3

攪拌均勻成為濕軟的麵團，蓋上蓋了放入冰箱冷藏2小時～1天

Note 麵團冷藏的時間若較短則較黏手，我冷藏了1天稍微撒點手粉還蠻好操作的

4

即完成免揉超軟基本麵團，備用

Note 盒蓋盡量不要使用密閉性太好的，要有點空氣讓酵母呼吸，我用爆米花桶剛剛好

5

基本麵團完成後，即可開始進行麵包整型。將麵團擀成麵皮狀，抹上融化的奶油

Note 麵團若黏手，可撒上薄薄的麵粉

6

撒上紅糖與肉桂粉，再均勻的放上葡萄乾與切碎的核桃

7

再緊密的捲起來

8

捲好後將收尾處捏合，再用刀均等切成8份

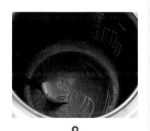

9

電子鍋的內鍋抹上奶油

10

將肉桂捲排入內鍋，蓋上鍋蓋靜置發酵約1小時

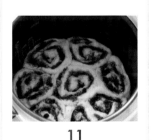

11

發酵完成後，將電子鍋的選單設定成「調理」，烹煮時間則設定為40分鐘，按下炊飯鍵，開始進行加熱

12

加熱結束，取出內鍋，將肉桂捲倒扣在盤子上，即完成

烤箱
小小烤箱立大功

無法調溫的小烤箱一般人通常只用來做當作加熱的工具，
比如：烤吐司，烤隔夜的披薩，或是烤些冷凍的薯條、炸雞塊。
其實只要善用鋁箔紙加蓋的方式，就能做出許多的料理與烘焙點心喔！
而且小小烤箱預熱快、無油煙，適合工作忙碌沒時間下廚、
或住小套房沒廚房的人。加上體積小，又不佔空間，是在外租屋的學生、
上班族與小家庭的最愛。

小小烤箱做料理的好處

無油煙，輕鬆優雅做好菜
下廚最怕一身都是油煙味，用烤箱做料理除了
沒有惱人的油煙問題，連廚房都變得容易清潔。

體積小，不佔廚房空間
適合廚房空間有限、在外租屋，或住小套房沒
廚房的人。

溫度高，預熱快，縮短烘烤時間
烤箱的容量雖然小，卻也因此升溫較快，大約
3～5分鐘就可以達到攝氏200～250度，非
常適合用來做焗烤或肉類料理。

小小烤箱的清潔保養

最好養成每次烤箱使用完畢，就立刻清潔烤箱
的良好習慣，避免日積月累更加難以清潔，也
會影響烘烤的效能。

烤箱的外觀
使用完畢拔掉插頭，待烤箱還留有餘溫時，可
用沾了溫水的抹布或柔軟的海綿擦拭乾淨後，
再用乾抹布擦乾即可。

烤箱的內部
使用完畢拔掉插頭，待烤箱還留有餘溫時，可
用沾了溫水的抹布將內壁與烤箱門內外擦拭乾
淨，再用乾抹布擦乾即可。

烤盤
用中性清潔劑洗乾淨後，再將水份擦乾，若油
垢嚴重就用溫水加入少量的清潔劑，浸泡30
分鐘後再清洗。

去除烤箱的異味
烤箱屬於密閉的空間，每次使用完之後，難免
會殘留下食物的味道，使用久了累積各種異味，
為了不受到陳年積味的影響，積極去除異味是
必要的，可以拿一些柑橘類的果皮放入烤箱烤
約3～5分鐘，就可以去除異味，也可以將切片
檸檬或是咖啡渣，放進烤箱靜置一晚，也是具
有除味的作用。

小小烤箱的使用小秘訣

善用鋁箔紙，鋁箔紙的功能非常強大喔！所以
要好好的利用發揮其功能。

可以當阻熱的工具

在烤盤裡墊上2～3層的鋁箔紙，就能防止下火
溫度過高；相同的加蓋在食物上頭，也能有效
的防止上火過熱，將食物烤焦。

可以當烤架

方法(一)將鋁箔紙以扇形折法折好後稍微攤
開，就是簡易的烤架囉，而且折子越多能載重
的重量就越重。
方法(二)將鋁箔紙用手隨意的揉成一團再攤
開，就完成超簡單的烤架囉！

可以當烤盤烤皿

將鋁箔紙折成方形盒或是直接包裹住食物烤
熟，等食用完後直接丟掉鋁箔紙，不用辛苦的
洗盤洗碗。

烤箱炸洋蔥圈

與三五好友聚在一起,邊吃著酥脆的炸洋蔥圈,
邊大口喝著沁涼的冰啤酒,真是人生一大樂事!
若是將油炸替換成烤箱的方式來製作炸洋蔥圈,
熱量將會大大減低喔。

材料　3~4人份

洋蔥 ⋯⋯1個
雞蛋 ⋯⋯2顆，
　　打散成蛋液
番茄醬 ⋯⋯ 適量

調味料

麵粉 ⋯⋯60公克
鹽 ⋯⋯1/4小匙
黑胡椒粉 ⋯⋯ 適量

外層裹粉

麵包粉 ⋯⋯80公克
起司粉 ⋯⋯5大匙
蒜末 ⋯⋯2小匙
炒菜油 ⋯⋯3大匙

1

將洋蔥去皮後橫切成0.5公分寬的圓片狀，並小心的將其剝開成為洋蔥圈，備用

2

將所有外層裹粉材料混合均勻，備用
先將乾的配料混合，最後才拌入炒菜油，裹粉才會味道均勻喔

3

將調味料全部放進保鮮袋中，混合均勻成為調味粉

4

再將洋蔥圈放入做法3的調味粉袋子裡，袋口束緊，上下左右輕搖晃，讓洋蔥均勻的裹上薄薄的調味粉
Note 取出洋蔥圈時要輕抖掉多餘調味粉，才不會吃到厚厚的麵皮喔

5

再將裹了調味粉的洋蔥圈沾上雞蛋液
Note 可用叉子做輔助工具，手就可以保持清爽乾淨

6

再將沾了蛋液的洋蔥圈裹上做法2的外層裹粉

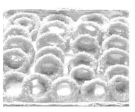

7

排進墊有烘焙紙的烤盤裡
Note 洋蔥圈可稍微堆疊在一起，並不影響烘烤效果，但不可堆的太密

8

放進已預熱的小烤箱

9

上下火全開，烤約15分鐘，至表面微上色，即完成。食用時再搭配番茄醬

烘蛋麵包船

將加了各式各樣配料的蛋液，
裝進挖空的麵包裡，放進烤箱烤成烘蛋，
做法非常的簡單又具有創意，
再搭配生菜沙拉就是一道豐盛營養的
美味簡餐囉！

小米桶的貼心建議

烘蛋配料可以自由變
化，比如：火腿、培根、
洋蔥、番茄、玉米粒、
蝦仁 .... 等等。只要把
握一個重點，先把生的
食材煮熟即可

材料 2人份

香腸……2根

蘑菇……6朵

蒜苗……1～2支

25公分的木棍麵包
……2根

雞蛋……2顆

鮮奶……30毫升

起司絲……40公克

鹽和黑胡椒粉……適量

1

將杏腸切成薄片；蘑菇切
小塊；蒜苗切珠，備用

2

熱鍋，先將香腸煎至表面
微焦，再放入蘑菇大火快
炒數十下，即可盛起放
涼，備用

炒蘑菇要鍋夠熱，且大火快
炒，就可以保持乾爽，不會
一直流失水份，變得湯湯水
水的喔

3

木棍麵包左右各留1公分
的將中間部位挖空，形成
一個船形麵包，備用

4

雞蛋加入鮮奶攪拌均勻

5

再加入做法2的香腸、蘑
菇、蒜苗珠、起司絲、手
捏一小撮的鹽和黑胡椒粉

6

混合均勻成蛋液，備用

7

再將做法6的蛋液放進船
形麵包

8

若有剩下的蛋液可與先前
挖出來的麵包碎一起放入
烤皿，就是鹹口味的麵包
布丁

9

放進已預熱的小烤箱，上
下火全開，烤約10分鐘

10

再加蓋鋁箔紙，續烤約10
分鐘

11

打開烤箱用竹籤插入中間
部位，若沒沾黏蛋液則烘
烤完成，取出靜置約5分
鐘，即可切小段盛盤食用
Note 若竹籤有沾黏蛋液，
則繼續加蓋鋁箔紙，烘烤
約5分鐘

沙茶雞肉串

材料　8串

去骨雞腿肉⋯⋯350公克
竹籤⋯⋯⋯8支

醃料

沙茶醬⋯⋯⋯1小匙
醬油⋯⋯⋯1又1/2小匙
米酒⋯⋯⋯1小匙
蒜末⋯⋯⋯1瓣
太白粉⋯⋯⋯1/2小匙

蘸醬

花生醬⋯⋯⋯1又1/2大匙
沙茶醬⋯⋯⋯1大匙
椰漿⋯⋯⋯4大匙
魚露⋯⋯⋯1/2大匙
糖⋯⋯⋯2小匙
檸檬(擠汁)⋯⋯1~2小匙

1

雞腿肉洗淨擦乾水份，將較肥的皮去除，並切成1.5公分的塊狀，再加入醃料，醃約1小時，備用
Note 先讓雞肉吸收調味料，最後才可拌入太白粉喔

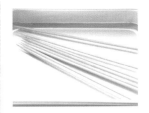

2

將竹籤泡入水中至少20~30分鐘，備用
Note 竹籤泡水，可避免烤時變焦黑

3

將花生醬、沙茶醬放入碗中，分4次加入椰漿調稀拌勻
花生醬黏稠不易拌開，需分多次少量的加入椰漿，每加一次椰漿拌至融合才再次重新加入，就能輕鬆拌開花生醬囉！相同方法也能應用在中式料理的麻醬

4

再加入魚露、糖、檸檬汁，調整味道，即成為蘸醬
Note 可依鹹酸甜的喜好，來增加魚露、檸檬汁、糖的用量

5

將蘸醬分成2份，備用
Note 蘸醬取出一半另外盛裝，作為烤肉用的刷醬，千萬不要用烤肉刷直接沾取食用的蘸醬，需分開以避免污染

6

再將醃好的雞肉，串成肉串，備用

7

將雞肉串刷上薄薄的蘸醬，放入已預熱的小烤箱，上下火全開，烤約6分鐘

8

取出，刷上蘸醬，並翻面，再放回烤箱烤約3分鐘
Note 刷醬時可將整串肉放在醬中，刷上厚厚的醬

8

再刷上蘸醬，翻面，續烤3分鐘，即完成。食用時搭配蘸醬即可
Note 取出肉串刷醬時，烤箱的門要關著喔！以避免再放回肉串續烤時，烤溫不夠熱

小米桶的貼心建議

◎ 可替換成雞胸肉、豬梅花肉、牛肉、羊肉⋯⋯等，但烤的時間需調整

◎ 將醃醬與蘸醬中的沙茶醬替換成市售的紅或黃咖哩醬，就是東南亞風味的沙嗲肉串囉

沙茶雞肉串

沙茶雞肉串是我常做的一道雞肉料理，
用的材料非常簡單，雖不是正宗的沙嗲，
但美味度一級棒！除了蘸醬佔了大部份好吃因素之外，
因為是用雞腿肉來烤製，
所以烤好的肉串仍保持著鮮嫩多汁的口感喔！

奶油焗白菜

奶油焗白菜

喜歡港式飲茶的朋友們應該對奶油焗白菜不陌生吧！
小小的一盅，外皮焗到有點焦酥、奶香四溢，
而裡頭是熟軟到差不多可以入口即化的白菜，
熱呼呼的最好吃了。

材料　2～3人份

娃娃菜或大白菜	
……400公克	
蝦米 ……1大匙	
蒜頭 ……1～2瓣	
米酒或紹興酒 ……1小匙	
清水 ……100毫升，炒白菜用	
起司粉 …… 適量	

焗烤醬汁

洋蔥細末 ……1大匙
蒜細末 ……1瓣的量
奶油 ……50公克
中筋麵粉 ……4大匙
煮白菜的湯汁＋清水
　……350毫升
鮮奶油 ……3大匙
鹽 …… 適量
黑胡椒粉 …… 適量

1

將白菜洗淨，切成塊狀；
蒜頭切片；蝦米用水快速
沖洗瀝乾水份，再用1小
匙的米酒或紹興酒浸泡，
備用
**蝦米用少許酒浸泡，入鍋爆
香時可以提升香氣喔**

2

熱油鍋，先爆香蒜片、蝦
米，再加入白菜翻炒，倒
入清水，蓋上鍋蓋煮至熟
軟，並加少少鹽調味
Note 調味時，鹽不要加
多，之後還要再淋醬汁

3

將炒好的白菜瀝去湯汁，
並將湯汁保留作焗烤醬，
備用

4

製作醬汁。小火熱鍋，將
奶油加熱融化，再放進洋
蔥末、蒜末炒香
**讓焗烤醬汁味道更棒的小秘
訣，就是加入洋蔥末、蒜
末。所以要將洋蔥、蒜頭切
的越細越好喔**

5

加入麵粉

6

拌炒均勻

7

再將白菜湯汁混合清水的
350毫升湯水，分成6～7
次加入鍋中
**每加一次湯水要拌至與麵糊
完全融合後，才能再重新加
入湯水，這樣醬汁才會細滑
不結粉粒喔**

8

將350毫升湯水加完後，
再加入鮮奶油

9

再加入鹽與黑胡椒粉調整味道，即為焗烤醬汁，備用

Note 完成的醬汁也很適合用來做焗飯或焗麵喔

10

將先前煮熟的白菜加入2/3份量的醬汁，混合均勻

11

再將混合好醬汁的白菜盛入烤皿中，淋上剩餘的焗烤醬汁，並抹平

12

撒上起司粉

Note 頂面也可以改撒起司絲，增加奶香味與烤後的酥香

13

放入已預熱的小烤箱

混合好醬汁的白菜要等溫度變溫後，才可以入烤箱焗烤，否則在烤的過程中，會因為內部過度沸騰，熱氣往上衝，就會造成頂面烤不平整，影響成品外觀喔

14

上下火全開，烤約10分鐘後，至表面微上色，即完成

美式烤雞蛋肉餅

烤肉餅 Mealoaf 在美國是很受歡迎的家庭料理，做法類似日式的漢堡排，沒有過多的繁瑣步驟，但吃起來非常有飽足感。還曾被美食網站票選為最受美國人民喜愛的前十名餐點，難怪屬於撫慰人心療癒系的料理呀！

材料 2~4人份

牛絞肉 ……150公克
豬絞肉 ……50公克
洋蔥 …… 中小型的
　　1/2個，切碎末
西芹 ……1/2支，
　　切碎末
麵包粉 ……2大匙
牛奶 ……3大匙
雞蛋 …..1/2顆的量，
　　或單用蛋黃

奶油(或炒菜油)
　　……1小匙，炒洋蔥用
M 號大小的水煮
蛋 ……4顆

調味料

番茄醬 ……4大匙
黑糖 ……2大匙
檸檬汁 ……2大匙
芥末醬 ……1小匙

1

用奶油將洋蔥末拌炒至淺咖啡色之後，再加入西芹末炒出香味，盛起放涼，備用

2

將所有調味料混合均勻；麵包粉加入牛奶，使其發脹，備用
Note 調味料的酸甜度可依喜好調配

3
將水煮蛋的前後端切掉約0.5公分
切掉一部份蛋的前後端,這樣每個雞蛋就能平整相連的排列

4
將牛、豬絞肉放入大盆中,加入雞蛋、手捏一小撮鹽、2大匙做法2的調味料,以同一方向攪拌約2分鐘
Note 絞肉若有血水,要用廚房紙巾吸乾

5
再加入炒過的洋蔥西芹末、吸入牛奶的麵包粉混合拌勻

6
再將整個肉餡拿起往大碗裡摔打數十下,讓肉餡裡的空氣排出
Note 往大碗裡摔打,排出空氣,可避免肉餅在烘烤時造成裂縫

7
將拌好的肉餡平鋪在鋁箔紙上,再排入沾裹上太白粉的水煮蛋
Note 水煮蛋沾裹太白粉,可增加蛋與肉餡的黏合度

8
再將兩邊的肉餡往中心覆蓋住水煮蛋
Note 可將兩邊的鋁箔紙提起,肉餡也就可以輕鬆的往中心覆蓋住蛋

9
再用鋁箔紙將肉餅包捲起來,並將兩端扭緊,有如糖果狀,再用牙籤在鋁箔肉捲上刺小洞

10
放入已預熱的小烤箱

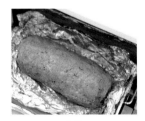
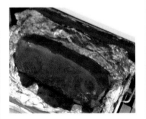
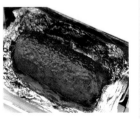

11
上下火全開,烤約30分鐘後,撕開鋁箔紙

12
再將先前調好的調味料淋在肉餅上頭

13
再放回烤箱續烤約10分鐘,即可關掉烤箱電源,等約15分鐘稍微降溫後,即可分切盛盤食用
Note 烤好後,若馬上切開容易散開,所以要先讓肉餅休息一小段時間再切

小米桶的貼心建議
肉餅也可省略包裹水煮蛋,做法會更簡單方便

牛肉麵包 Pizza

鋪上厚厚的肉餡與起司絲，麵包底部烤的酥酥脆脆，肉餡則保持著鮮嫩
多汁口感，是一道大大滿足愛吃肉朋友們的簡易餐點喔！

材料　2人份

牛絞肉 ……120公克

玉米粒 ……3大匙

洋蔥 …… 中小型的1/2個，
　　切碎

麵包粉 ……2大匙

牛奶 ……3大匙

雞蛋 ……1/2顆的量，
　　或單用蛋黃

奶油 ……1小匙，炒洋蔥用

義式拖鞋麵包 Ciabatta……2個

番茄醬 …… 適量

Pizza 起司絲 …… 適量

漢堡肉調味料

醬油 ……1大匙

蒜末 ……1小匙

黑胡椒粉 …… 少許

鹽 …… 少許

1

用奶油將洋蔥末拌炒至淺咖啡色；麵包粉加入牛奶，使其發脹，備用

Note 洋蔥炒過才會釋放出甜味，增加香氣

2

將牛絞肉放入大盆中，加入雞蛋、調味料，以同一方向攪拌均勻

3

再放入炒過的洋蔥、吸入牛奶的麵包粉、玉米粒

麵包粉可以吸收漢堡肉的肉汁，在烤的時候就不怕肉汁流光

4

混合拌勻，並均分成4等份，備用

5

將義式拖鞋麵包對半切開，切面朝上，放入烤箱，只開上火烤約2分鐘

先將麵包接觸肉餡的那面稍微烤乾，之後放上肉餡時就不怕因吸收肉汁，造成麵包濕軟

6

肉餡均勻的鋪在烤過的麵包上

7

並在肉餡表面抹上薄薄一層的番茄醬

8

放進已預熱的烤箱

Note 因為是烤肉，所以放進麵包前，烤箱要預熱2～3分鐘，這樣肉汁才不會流失

9

上下火全開，烤約10分鐘

Note 先前只開上火，所以要記得將烤箱改成上下火全開

10

烤10分鐘之後，再撒上起司絲

11

烤至起司絲金黃上色，即完成牛肉麵包 Pizza

小米桶的貼心建議

◎ 牛絞肉可替換成豬肉，或豬牛肉各半

◎ 義式拖鞋麵包可替換成法式長棍麵包，或其他的歐式麵包

烤箱脆皮炸雞球

不用油炸，用烤箱烤的炸雞，
熱量減少一半，大口吃也不怕有負擔。
可是要怎麼做出如同油炸般的口感呢？
這是有秘訣的喔！

材料　3～4人份

去骨雞腿肉 …400公克
鮮奶 ……200毫升

雞肉醃料

醬油 ……1大匙
米酒 ……1小匙
蒜末 ……1小匙
糖 ……1/2小匙
白胡椒粉 …… 少許
雞蛋 ……1顆
太白粉 ….1又1/2大匙

外層裹粉

早餐玉米脆片
　……70公克
麵包粉 ……5大匙
起司粉 ……3大匙
黑胡椒粉 ……1/8小匙
炒菜油 ……2大匙

蜂蜜芥末優格蘸醬

蜂蜜 ……1～2大匙
法式芥末醬 ……1大匙
無糖原味優格 ….6大匙

1

將雞腿肉用鮮奶泡約30分鐘後，清洗乾淨，再擦乾水份，切成一口大小

雞肉用鮮奶浸泡後，可以去除腥味，並且讓雞肉口感變柔嫩

Note 雞肉的水份要擦乾，否則將會影響之後裹上外層裹粉

2

加入醃料中的醬油、米酒、蒜末、糖、白胡椒粉拌勻，醃約30分鐘，備用

醃雞肉時，適當的抓一抓，使其充份吸收醃料，雞肉會更加入味與飽含汁液

3

將蜂蜜芥末優格蘸醬的所有材料混合均勻，放入冰箱冷藏保存，備用

Note 若使用有甜度的優格，則蜂蜜減量，並加入檸檬汁增加酸度

4

將早餐玉米脆片放入保鮮袋，用湯匙壓碎

烤箱炸雞要有酥脆口感的秘訣就是玉米脆片喔！所以玉米片不要壓的太碎，稍帶粗顆粒，才能保有酥脆口感

5

再加入其餘外層裹粉配料

裹粉單用玉米脆片會讓口感過於粗糙，若再加入適量的麵包粉，除了提升口感之外，還能吸收烤的過程中流出的肉汁，讓烤好的炸雞球酥脆中又能鮮嫩帶汁

6

混合均勻，備用

Note 先將乾的配料混合，最後拌入炒菜油，裹粉才會味道均勻喔

7

雞肉準備裹粉前，加入雞蛋拌勻

Note 若醃汁過多，可先將醃汁倒掉，再加入雞蛋

8

再加入太白粉混合均勻

Note 太白粉與雞蛋除了可以封住肉汁，還能增加黏性，幫助裹粉不脫落

9

將雞肉均勻的沾上做法6的裹粉，並放在手掌中輕輕擠捏成球狀

10

將所有的雞肉沾好裹粉後，整齊的排入墊有烘焙紙的烤盤中

11

放入已預熱2~3分鐘的小烤箱，上下火全開，先烤約5分鐘

12

再加蓋上鋁箔紙，烤約5分鐘，最後再拿掉鋁箔紙，繼續烤約2分鐘，即完成

烤鮮蝦春卷

油炸春卷非常考驗炸的功夫，火候過大，
 一不小心就炸焦了，火候過小則春卷炸不酥之外，
還吸滿了油脂。若是將春卷改成烤箱烘烤，
成功率將大大提升，而且油脂減少更加健康喔。

材料　12卷

豬絞肉 …… 200公克		調味料
蝦仁 …… 150公克		醬油 …… 1小匙
香菇 …… 2朵		米酒 …… 1小匙
荸薺 …… 3顆		糖 …… 1小匙
韭黃 …… 100公克		白胡椒粉 …… 1/2小匙
蒜末 …… 1小匙		鹽 …… 1/4小匙
薑末 …… 1/2小匙		香油 …… 1小匙
麵粉 …… 2大匙		太白粉 …… 1又1/2大匙
清水 …… 2大匙		
春卷皮 …… 12張		

1

蝦仁去除腸泥洗淨後切
丁；香菇泡軟切小丁；荸
薺去皮切小丁；韭黃洗淨
切珠；麵粉加入清水混合
成麵糊，備用

2

熱油鍋，先爆香蒜末、薑
末，再放入絞肉

3

炒至絞肉變色後，從鍋邊
嗆入米酒與醬油翻炒均勻

4

加入香菇丁與荸薺丁拌炒
均勻

5

再加入蝦仁丁翻炒至蝦仁
變色後，即可放入糖、白
胡椒粉、鹽、香油，邊炒
邊調整味道

6

再加入韭黃拌炒均勻

7

起鍋前，撒入太白粉，並
快速的翻炒均勻
**撒入太白粉可以讓餡料乾爽
不潮濕，並且增加黏性方便
包餡的操作**

8

即完成春卷內餡，盛起等
待降溫，備用

9

取一張春卷皮，放上適量的做法8內餡

10

邊伴回縮的方式邊將春卷皮捲起

11

左右兩端抹上麵糊

12

將左右兩端往中間對折，並在春卷皮末端抹上麵糊

13

再緊密的捲成春卷，並將剩餘的春卷皮，以相同方法包成春卷

14

將包好的春卷上下兩面刷上少許的炒菜油，排入墊有烘焙紙的烤盤裡

◯ 小米桶的貼心建議

春卷內餡可以自由變化，比如：將豬絞肉與蝦仁替換成雞肉絲，也就是雞絲韭黃春卷

15

放進已預熱的小烤箱，上下火全開，烤約8分鐘

16

再翻面續烤約6分鐘，即完成，並趁熱食用，以保持酥脆口感

鮮菇檸檬鮭魚

我最喜歡用烤箱來料理魚了，不用擔心魚皮煎破或
魚肉散掉，更不會有滿屋子煎魚的油煙味，
只要把魚放進烤箱，優雅的等待香噴噴烤魚出爐。

材料 2～4人份

鮭魚 ⋯⋯1片	檸檬 ⋯⋯2～3片
鮮香菇 ⋯⋯4朵	奶油 ⋯⋯15公克
鴻喜菇 ⋯⋯1/2包	鹽和黑胡椒粉 ⋯⋯ 適量
金針菇 ⋯⋯1/2包	白葡萄酒或米酒
蘆筍 ⋯⋯4小根	⋯⋯1小匙

1
將鮮香菇、鴻喜菇、金針
菇切去蒂頭；蘆筍去除根
部硬皮再切小段，備用

2
鮭魚撒上白葡萄酒、鹽，
備用

3
取一大張鋁箔紙，放入鮭
魚、鮮香菇、鴻喜菇、金
針菇、蘆筍，將檸檬片放
在鮭魚上，再放入切小塊
的奶油

4
將鋁箔紙包起來

5
若鋁箔紙不夠大，可用上
下兩張的方式，一張作底
一張當蓋，將所有食材包
起來
**這是解決鋁箔紙不夠大的好
方法喔**

6
放進已預熱的小烤箱，上
下火全開，烤約15分鐘，
取出打開鋁箔紙撒上鹽和
黑胡椒粉，即完成

培根起司焗鮮蝦

起司焗鮮蝦是一道人人都喜愛的蝦料理，
鮮甜的蝦肉與烤到表面酥香的起司非常誘人，
就算家中只有小烤箱，也能輕鬆的製作完成喔！

小米桶的貼心建議

蒜香培根也可以替換成用奶油炒
至非常熟軟的洋蔥、紅蘿蔔細絲，
也是非常好吃的喔！

材料　4人份

鮮蝦 ⋯⋯ 8尾，
　　約600公克
培根 ⋯⋯ 2片，切碎末
蒜末 ⋯⋯ 2大匙
薑末 ⋯⋯ 1小匙
黑胡椒粉
　　⋯⋯ 手捏一小撮
起司絲 ⋯⋯ 適量
巴西里（Parsley）碎末
　　⋯⋯ 適量，可省略

1

熱油鍋，先將培根末前炒至微焦，再放入蒜末、薑末炒出香味，再撒入黑胡椒粉，盛起備用

2

鮮蝦洗淨，用剪刀剪去嘴尖、腳、觸鬚

3

再將位於蝦腳處的腹部白色筋線挑斷
腹部的筋挑斷，烤熟的蝦就會挺直不扭曲

4

用剪刀把蝦背剪開
Note 用剪刀開背較好操作，且安全

5

去掉腸泥，洗淨後，用廚房紙巾將水份完全擦乾
Note 一定要將髒髒的腸泥清除，吃起來才不會沙沙的，也較衛生

6

用刀把蝦背劃開，但不要切斷，再將蝦背撐開，有如蝴蝶對開般，備用

7

將開背的鮮蝦排入墊有烘焙紙的烤盤，並均勻的鋪上適量做法1的蒜香培根

8

撒上適量的起司絲

9

於起司頂面再放上少許的蒜香培根

10

放進已預熱的小烤箱

11

上下火全開，烤約10分鐘，至表面微焦上色，取出撒上巴西里碎末，即完成

小米桶的貼心建議

焦糖雞翅類似照燒醬的甜鹹風味，食用時可以再淋上少許檸檬汁，增添清新的微酸香氣喔

焦糖雞翅

類似日式照燒醬風味的焦糖雞翅，
很適合當作下酒菜或聚會的小零嘴，
鮮嫩的肉質以及甜鹹的味道，大人小孩都會喜歡喔！

材料　4～6人份

雞中翅 ……20隻
牛奶 ……250毫升
鹽和白胡椒粉
　　……手捏一小撮

醬汁材料

醬油 ……4大匙
番茄醬 ……2大匙
黃砂糖 ……50公克
蒜頭 ……1瓣，切片
薑 ……2片
太白粉 ……1/2大匙

1

雞中翅加入牛奶、鹽和白
胡椒粉浸泡約1小時
牛奶可讓肉質變軟嫩，也可
以加入蒜頭，或是迷迭香、
百里香之類的西式香草，增
加香氣喔

2

將所有醬汁材料放入小鍋
中，小火煮約5分鐘，熄
火，備用

3

將雞中翅從牛奶中撈起洗
淨，再擦乾水份

4

再將雞中翅排入墊有烘焙
紙的烤盤，放進已預熱的
小烤箱

5

上下火全開，烤約5分鐘，
翻面續烤3分鐘

6

再把雞翅取出，加入做法
2的醬汁
Note 醬汁可保留少許作食
用的蘸醬

7

輕輕的混拌，讓雞中翅均
勻的沾裹上醬汁

8

再把雞中翅排回烤盤，放
進烤箱續烤8分鐘，即完
成焦糖雞翅
Note 烤的中途可適時翻
面，並刷上醬汁

椰子香酥蝦

蝦肉很容易熟，就算無法調控溫度的小烤箱也能完美成功做出蝦料理，
所以用小烤箱來烤蝦真的很方便又零失敗。

小米桶的貼心建議
鮮蝦也可以替換成雞胸肉，或是魚柳喔

材料　2人份

鮮蝦 ⋯⋯ 8隻，約300公克
鹽和黑胡椒粉 ⋯⋯ 適量
美奶滋 ⋯⋯ 1大匙

外層裹粉

椰子粉（椰蓉）⋯⋯ 4大匙
麵包粉 ⋯⋯ 2大匙
巴西里（Parsley）碎末 ⋯⋯ 適量

1

將外層裹粉材料混合均勻，備用

2

去除蝦頭、蝦殼與腸泥
去腸泥的另一個實用方法：剝蝦頭時力道輕一點，整條腸泥也會連帶的一起拔除喔

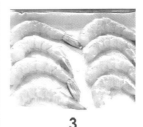

3

再洗淨，並用廚房紙巾將水份徹底吸乾
用蝦仁做料理，洗淨後一定要將水份擦乾，除了幫助調味料入味，也能避免蝦仁變得不夠爽口

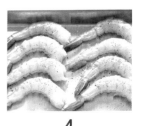

4

將蝦仁撒上鹽和黑胡椒粉，再放入冰箱冷藏至少30分鐘
Note 放入冰箱冷藏可稍微收乾蝦的水份，讓蝦仁口感更爽脆

5

從冰箱取出蝦仁並加入美奶滋

6

充分的混合均勻
因為美奶滋的主要成份是油脂，所以先沾美奶滋再裹上裹粉烘烤，就會有油炸般的效果喔

7

再均勻的裹上做法1的外層裹粉
將裹粉放入保鮮袋裡，分次放進蝦仁，再把袋子抓起搖一搖，輕鬆簡單的就完成裹粉啦

8

把裹好粉的蝦排入墊有烘焙紙的烤盤

9

放進已預熱的小烤箱

10

上下火全開，烤約6~8分鐘，即完成。食用時可沾泰式甜辣醬

小米桶的貼心建議
豬排可以替換成雞胸肉

藍帶豬排

豬排裡頭包著起司與火腿片，外表烤的酥脆，
而內部是香濃的融化起司，切開可是會爆漿喔！

材料　2人份

里肌肉片
　……1公分厚的4片
火腿……2片
起司……2片
白糖和白胡椒粉…少許

中筋麵粉……適量
雞蛋……1顆
麵包粉……100公克
炒菜油……1大匙

1

將麵包粉放進鍋中，以小
火乾炒
**麵包粉炒至淡金黃色，烤好
的豬排表面就會有油炸般的
色澤**

2

炒至麵包粉變成淡金黃
色，即可熄火放涼，備用
Note 麵包粉不可炒過於金
黃，否則進入烤箱後很快
就會烤焦囉

3

再將做法2的麵包粉加入1大匙炒菜油混合均勻,備用

Note 也可以在麵包粉裡加入蒜末、黑胡椒粉,或起司粉增添香氣

4

將里肌肉洗淨,用廚房紙巾擦乾,再用刀把外圍的白色肉筋切除

切掉肉筋,烤熟的豬排才不會捲曲變形

5

冉用肉槌拍成厚約0.7公分的片狀,使肉質放鬆變軟嫩

6

將肉片撒上少許的糖和白胡椒粉,火腿與起司裁切成比肉片要小 點的尺寸

火腿與起司含有鹽份,所以在肉片上撒少許的糖可以中和鹹度,讓豬排不會過鹹

7

取一肉片,在其外圍撒上少許的太白粉或麵粉

Note 撒上少許的太白粉可以幫助上下兩塊肉片緊密黏合

8

放上一片火腿與起司

9

再覆蓋上一塊肉片

10

用刀背在肉的邊緣敲拍幾下,讓上下兩塊肉片緊密黏合

Note 除了刀背,也可用手捏合

11

將做法10的夾心豬排沾上薄薄一層的麵粉,再均勻的沾上蛋液

Note 麵粉沾完要將表面多餘的粉輕輕拍掉

12

再沾上做法3的麵包粉,並輕輕按壓。以相同方法將另一份豬排製作完畢

13

將做法12的夾心豬排擺在墊有烘焙紙的烤盤中,放進已預熱2~3分鐘的小烤箱

14

上下火全開,烤約12分鐘,即完成

酥皮蛋塔

熱 巧 克 力 餅 乾

酥皮蛋塔

用冷凍酥皮做蛋塔皮的方法是從周淑玲老師的部落格
學習的，感謝周老師無私的分享，
讓我在家也能簡單的製作出酥皮蛋塔喔！

材料 **10個**

冷凍酥皮 ……5張，
　　約215公克
牛奶 ……150毫升
鮮奶油 ……50毫升

白砂糖 ……50公克
蛋黃 ……3個
香草精 ……1/2小匙

1

牛奶、鮮奶油、白糖放入
小鍋中，加熱至糖溶解，
熄火，讓牛奶冷卻至手摸
不燙的溫度，備用
Note 牛奶不需煮至沸騰，
只要糖溶解即可

2

將蛋黃輕輕打散

3

再倒入做法1的溫牛奶混
合均勻

4

再加入香草精混合均勻

5

將蛋液用網篩過濾

6

再用廚房紙巾將表面的氣
泡去除，即為蛋塔的內
餡，放入冰箱冷藏，備用

7

先取一片酥皮緊密的捲起
來，再接著捲第二片酥皮
Note 酥皮要在半凍半回溫
的狀態下包捲，才不會因
使力而變形

8

捲完五片酥皮，形成一個
圓柱體

9

再用刀切成10小段，每一段厚薄要一樣
Note 如果酥皮太軟，可以放回冰箱凍硬再切

10

將小段的酥皮像花瓣一樣的從中間往外圍剝鬆，再用擀麵棍擀成直徑10公分的圓餅狀

從中間往外圍剝鬆，酥皮較能烤出層次，口感也較酥鬆

11

把做法10的酥皮鋪在蛋塔模裡

12

酥皮要貼住塔模底部，而且周圍不可有皺褶。以相同方法將其餘的塔皮製做完畢

13

再把做法6的蛋液倒入塔皮，約7~8分滿
Note 烤時塔皮會微縮，所以蛋汁不可倒過滿

14

放進已預熱的小烤箱上下火全開，烤約15~18分鐘烤的中途若蛋液膨脹起來，要把烤箱門打開，讓蒸汽散出，否則烤好的蛋塔就會塌下變形

15

用叉子挑起來查看底部是否已焦黃酥脆，若底部沒有濕軟，即完成

熱巧克力餅乾

這款熱巧克力餅乾是改編自巧克力裂紋餅乾，
熱熱的吃是鬆軟以及爆出巧克力漿的驚喜口感，
而冷卻後的餅乾又是另一番風味喔！

材料 14個

苦甜巧克力 ……80公克
無鹽奶油 ……50公克
黃砂糖 ……25公克
雞蛋 ……2顆
香草精 ……1/2小匙
可可粉 ……20公克
低筋麵粉 ……80公克

泡打粉 ……2/3小匙
鹽 …… 少許

頂面材料

大型棉花糖 ……7個
苦甜巧克力 …… 適量

準備動作

1 將苦甜巧克力切成差不多大小的碎粒；無鹽奶油切丁

2 低筋麵粉、可可粉、泡打粉、鹽，放入盆中混合均勻後，過篩成為混合麵粉

3 雞蛋打散成蛋液

1

取一湯鍋，倒入適量的水，加熱至攝氏60度之間，即可熄火，再將盛有巧克力碎、奶油丁的玻璃碗或鋼盆，放在湯鍋上面，隔水加熱

2

並用橡皮刮刀將未融化的塊粒拌入已融的巧克力中

Note 隔水加熱時放在湯鍋上的玻璃碗，口徑要比湯鍋大，否則水或蒸氣容易掉入巧克力中，造成油水分離

3

等巧克力與奶油全都融化後，再加入砂糖拌勻

4

將玻璃碗從熱水鍋上移開，分成3～4次加入雞蛋液攪拌均勻，再加入香草精

5

再加入已過篩的麵粉、可可粉、泡打粉

6

用橡皮刮刀壓拌混合均勻

7

取一容器，鋪上一張保鮮膜墊底，再倒入拌好的巧克力麵糊並抹平

只要鋪上保鮮膜就可以輕鬆的將冰硬的麵糊從盒中取出，再用刀分切小份，簡單又方便

8

在麵糊表面緊密貼合的覆蓋上一張保鮮膜，放入冰箱冷藏至少2小時

9

巧克力麵糊冷藏至硬，即可取出分切成14等份

10

揉成圓球狀

11

再壓成直徑5～6公分的圓扁狀，排入墊有烘焙紙的烤盤上

Note 排放時每個之間要有些間距，否則烤好會連在一起

12

放進已預熱的小烤箱，上下火全開，烤約7分鐘

13

趁烤餅乾時或烤前，將棉花糖切半，並且每一份棉花糖放上一塊巧克力，備用

14

再將棉花糖與巧克力蓋在做法12的餅乾上，續烤約4分鐘至棉花糖軟化，即完成

小米桶的貼心建議

熱巧克力餅乾並不是酥脆型的餅乾，熱熱的吃，是鬆軟以及爆出巧克力漿的驚喜口感，餅乾冷卻後棉花糖與巧克力會稍變硬，但口感也不錯！也可以將餅乾蓋上鋁箔紙回烤，或是微波加熱十幾秒

玫瑰花蘋果派

玫瑰花蘋果派的靈感是我在臉書(Facebook)上看到一張轉分享的圖片，
雖然只有美麗的成品圖，但因爲造型簡單很容易就能摸索出做法，
當我成功做出像花一樣的蘋果派時，眞的超開心、超有成就感，
還很捨不得吃喔！

材料 **8份**

市售冷凍酥皮……1大張，
　　約26公分×26公分
細的白糖或黃砂糖
　　……3大匙
肉桂粉……1大匙
蜂蜜或杏桃果醬……適量

糖煮蘋果
蘋果……中型的3個
白糖……4大匙
檸檬汁……1大匙
清水……2大匙

◯ 小米桶的貼心建議

◎ 若買不到大張的酥皮，可將小塊酥皮切
　條狀後，拼接成長條
◎ 蘋果可以替換成桃子類，或是梨
◎ 若想做成鹹口味，蘋果可以替換成圓形
　火腿，肉桂糖則改用起司。但要注意鹹
　度，起司可以只放前端一部份，就不會
　過鹹囉

1

將蘋果洗淨去芯後，連皮切成薄片，放入鍋中加入白糖、檸檬汁、清水，煮至蘋果片變軟

2

再瀝乾汁液，放置冷卻，備用

3

將3人匙糖加入1大匙肉桂粉，混合均勻成為肉桂糖，備用

4

將冷凍酥皮放置室溫下，稍微回溫即可，再均等分切成8份長條形

冷凍酥皮要在半凍半回溫的狀態下分切，才不會因使力而變形

5

在酥皮上均勻撒上肉桂糖

6

將做法2的蘋果片重疊的排列在酥皮上

7

再捲起來

捲時只要不會鬆散即可，不需過於緊密的捲，這樣酥皮受熱才有膨脹的空間，蘋果派的口感才會酥鬆

8

捲起後，可將底部末端酥皮與旁邊的酥皮捏合在一起，防止鬆開，並稍微整形使其更像朵花

9

將另外7份酥皮以相同方法捲成玫瑰花造型

10

放進已預熱的小烤箱，上下火全開，烤約8分鐘

11

再加蓋鋁箔紙，續烤約8分鐘

小烤箱無法控制溫度，離上火又近，可以利用加蓋鋁箔紙的方法來防止烤焦

12

從烤箱取出，降至微溫後，刷上薄薄一層蜂蜜，即完成美麗又好吃的玫瑰花蘋果派

刷蜂蜜或杏桃果醬可以保濕，也能讓玫瑰花蘋果派外型閃亮美觀

草莓甜心派

小巧可愛的草莓甜心派，有著香香酥酥的派皮，
以及甜蜜微酸的草莓內餡，百吃不膩喔！

派皮材料
直徑5.5公分12個

低筋麵粉 ……100公克
鹽 …… 手捏一小撮
細白糖或糖粉 ……1大匙
冰冷的無鹽奶油
　　……50公克
蛋黃 ……1/2個
冰水 ……1大匙

內餡材料

草莓 ……5個
白糖 ……1大匙
玉米粉 ……1小匙
草莓果醬 …… 適量

頂面刷料

1個蛋黃加入1小匙水，
混合均勻

1

將麵粉過篩後，加入鹽、
糖混合均勻，再放入切成
1公分小塊的冰冷奶油
奶油要冰冷的狀態才不會與
麵粉融合在一起，這樣做出
來的派皮才會酥

2

用叉子或奶油切刀將麵粉
與奶油切壓成粗顆粒狀
因手有溫度較容易使奶油軟
化，所以利用叉子或奶油切
刀會更好操作

3

再拌入攪散的蛋黃液

4

再邊拌邊分次加入少量的
冰水

5

直到成為麵團
Note 冰水還沒用完，麵團
已成團，即可停止加入冰
水喔

6

再將麵團均分成2等份，
備用
Note 天氣熱室內溫度較
高，拌好的麵團若出現奶
油融化的狀況，可先將麵
團用保鮮膜包好，放入冰
箱冷藏約30分鐘，再取
出進行下一步驟

7

取一張保鮮膜攤平，放上
麵團，再覆蓋上一張保鮮
膜，並將保鮮膜折成20
公分的正方形
只要將保鮮膜四邊預先折成
想要的尺寸，麵團就可以輕
鬆的擀出正正方方的派皮囉

8

再將麵團均勻的擀開，即
成為派皮，放入冰箱冷藏
至冰冷，另一份麵團也以
相同方法擀成派皮

9

利用派皮放入冰箱冷藏至冰冷的時間製作內餡。將草莓洗淨瀝乾水份，切小丁，再拌入白糖靜置約10分鐘

10

將草莓的汁液瀝掉

11

再拌入玉米粉成為內餡，備用

12

將冰硬的2份派皮取出，先用模具壓印出18個小派皮

13

將壓印後周邊多餘的麵團拿起，並將其再次擀成派皮，並壓出6個小圓派皮，這樣一共就有24個小派皮
Note 若有小型的造型壓模，可將12個小圓派皮壓出造形，沒有則可省略

14

取1/2小匙的草莓果醬放在12個小圓派皮上面，再放入1小匙做法11的草莓內餡

15

再覆蓋住一片小圓派皮

16

用竹籤將上下兩層派皮緊密壓合在一起，排入墊有烘焙紙的烤盤

17

刷上薄薄一層的頂面刷料

18

放進已預熱的小烤箱

19

上下火全開，烤約10～12分鐘，至表面上色，即完成
Note 熱熱的食用時，要小心內餡會燙嘴喔

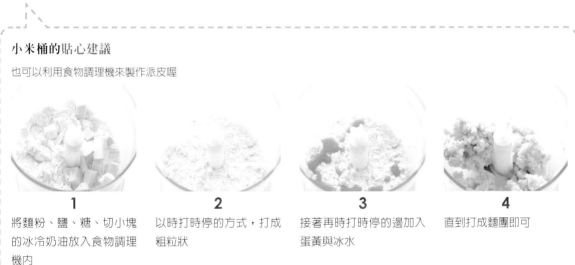

小米桶的貼心建議

也可以利用食物調理機來製作派皮喔

1	2	3	4
將麵粉、鹽、糖、切小塊的冰冷奶油放入食物調理機內	以時打時停的方式，打成粗粒狀	接著再時打時停的邊加入蛋黃與冰水	直到打成麵團即可

藍莓奶酥派

藍莓奶酥派的食譜雛型是來自於美國的一位部落客，因爲老爺愛吃藍莓，所以當我一見這道點心就很急著想要試作，經過多次反覆的調整，終於嘗試出我個人喜愛的配方，感謝美國部落客的大方分享。

材料　20×15公分烤盤1份

低筋麵粉 ……150公克
泡打粉 ……1/2小匙
細白糖 ……60公克
鹽 …… 少許
冰冷的無鹽奶油 ……100公克
雞蛋液 ……30公克

藍莓內餡

新鮮藍莓 ……150公克
白糖 ……25公克
玉米粉 ……1大匙
檸檬汁 ……1大匙

1

將麵粉、泡打粉過篩後，加入鹽、糖混合均勻，再放入切成1公分小塊的冰冷奶油

Note 奶油要冰冷的狀態才不會與麵粉融合在一起，這樣才有顆粒的奶酥效果

2

用叉子或奶油切刀將麵粉與奶油切壓成豆子般大小的顆粒狀

Note 因手有溫度較容易使奶油軟化，所以利用叉子或奶油切刀會更好操作

3

再邊倒入雞蛋液，邊用筷子撥散開來

4

不要讓麵粉黏成　團，盡量用筷子撥散成顆粒狀，再均分成2等份，備用

Note 若有結成團的現象，可用手剝成小顆粒

5

將做法4的麵粉粒取1/2的量，放進墊有烘焙紙的方形烤盤裡，並用湯匙按壓成派皮，放入冰箱冷藏，備用

6

將藍莓洗淨後徹底擦乾水份，再加入白糖、玉米粉、檸檬汁

7

混合拌勻成為內餡

8

再將拌好的內餡倒入做法5的烤盤裡

9

撒上剩餘1/2量的做法4麵粉粒

麵粉粒在均分2等份時，可將細碎的壓成派皮，較多的粒狀麵粉用於頂面，烤好的奶酥派會更美觀誘人喔

10

放進已預熱的小烤箱，上下火全開烤約8分鐘，加蓋鋁箔紙續烤約15分鐘後，再拿掉鋁箔紙續烤3分鐘，讓表面上色，即完成

小米桶的貼心建議

◎ 可在麵粉粒的材料中加入檸檬皮碎屑；內餡則可加入肉桂粉增加香氣

◎ 這款派也很適合採用蘋果或是草莓作內餡喔，但內餡的糖量要調整，因水果酸度不同。有時我會用一個大烤盤來烤，一半藍莓、一半蘋果，一次就可以做出兩種口味的奶酥派，非常的棒喔！

微波爐
快速便利
效能發揮無限大

許多人對於微波爐的刻板印象除了加熱還是加熱，
並且使用微波爐常讓人誤認為會對人體有不良影響，
其實只要掌握安全原則，善用一點小技巧，微波爐不只能做出美味的料理，
也能吃得開心又無慮喔

微波爐的清潔保養

使用微波爐之後若有油脂噴濺或湯水溢出等情況，
應培養隨手擦拭乾淨的良好習慣，避免日積月累更
加難以清潔，也讓微波爐積存異味。

微波爐外部

可用沾了溫水的抹布或柔軟的海綿擦拭乾淨後，
再用乾抹布擦乾淨，擦拭前記得要拔掉電源較
安全。

微波爐內部

取一微波專用碗，倒入比例為1:1的白醋(或檸檬
汁)與水，放入微波爐內加熱1～2分鐘，先不要
打開爐門讓它靜置幾分鐘，使水蒸氣軟化微波爐內
的汙垢，再用沾了溫水的抹布將內壁與微波爐門內
外擦拭乾淨，再用乾抹布擦乾即可。

微波爐轉盤

將轉盤取出用中性清潔劑洗乾淨後，將水份擦乾，
再放回微波爐內即可，若汙垢嚴重就用溫水加入少
量的清潔劑，浸泡30分鐘後再清洗。

去除微波爐的異味

微波爐屬於密閉的空間，建議每次使用完之後，不
要馬上將門關緊，應先讓內部氣味與水氣散掉後再
關。若想消除異味，先將微波爐內部清理乾淨，再
將切片檸檬或是咖啡渣、茶葉渣放入微波專用碗並
加點水，再放進微波爐內加熱1～2分鐘，先不要
打開爐門讓它靜置幾分鐘，就可以去除異味。

微波爐的使用注意事項

微波爐可以使用的容器

耐熱玻璃、純白色不要有彩繪的陶瓷類都適合放入
微波爐裡；而微波專用的保鮮膜，在使用時則盡量
不要接觸到食物。

微波爐不可以使用的容器

因為金屬會隔絕反射大部份的微波，讓食物無法受
熱並產生火花，甚至於導致爆炸，所以鐵、不鏽鋼、
鋁、鑲有金屬花邊的餐具、以及非耐熱玻璃、塑膠
類、紙類產品、木條或竹編的籃子都不適合放入微
波爐裡。鋁箔紙也不建議使用，若真無法避免則要
將亮面朝內。

- 食物體積若一致，加熱效果較均勻；較厚、較大、
  較難熟的食物，則要放外邊或最上面；較小、易
  熟的則放中間或底下。
- 料理時若加入的是熱水，微波加熱的時間較短；
  室溫下的食物也比剛從冰箱冷藏取出的要快熟。

- 不可加熱帶殼的雞蛋或整顆完整的熟蛋，將會引起爆炸的情況；若是將生蛋打入碗中，則要將蛋黃用竹籤戳幾個洞就能避免炸裂噴濺；蚵仔、鮮蠔、火腿腸、香腸等，也要用竹籤或刀尖戳幾個洞，才能放入微波爐加熱。

微波爐的活用小秘訣

快速且均勻的讓食物受熱的方法

可在容器底部墊筷子，或是使用圓型的器皿，或是採用圓形排列方式加熱。

快速的去除番茄皮

將番茄用刀在皮上輕劃十字，放入微波專用碗並加點水，再放進微波爐內加熱20~30秒，靜置一會，再用冷水沖洗，就能輕鬆去除外皮囉！

快速的泡發香菇

將乾香菇蒂頭去除後，泡入加了1~2小匙的糖水裡，再放進微波爐內蓋上微波專用蓋，加熱30秒，就可以加速香菇泡軟的速度。

讓受潮的餅乾、堅果類變酥脆

將受潮的餅乾放入微波爐加熱20秒，很快就能恢復酥脆了喔！堅果類也是均勻攤平放在微波爐的轉盤上，以中火力分次加熱1~2分鐘，每次約30~40秒，且每加熱完一次要稍微翻動，冷卻後堅果又會變回脆脆的喔！

微波爐的功率換算

市面上的微波爐功率約在600W~1000W之間，可從內附的使用說明書得知家中微波爐的功率，本書則以700W為基準。

600W	700W	800W	900W
35秒	30秒	25秒	20秒
1分10秒	1分	55秒	45秒
1分45秒	1分30秒	1分20秒	1分10秒
2分20秒	2分	1分45秒	1分35秒
2分55秒	2分30秒	2分10秒	1分55秒
3分30秒	3分	2分40秒	2分20秒
4分40秒	4分	3分30秒	3分10秒
5分50秒	5分	4分25秒	3分55秒
7分	6分	5分15秒	4分40秒
8分10秒	7分	6分10秒	5分30秒
9分20秒	8分	7分	6分15秒
10分25秒	9分	7分55秒	7分
11分35秒	10分	8分45秒	7分50秒

※ 秒數以4捨5入的方式計算，或比如24秒則進位成25秒，41秒則為40秒，若需更詳細的秒數，可再自行換算。

舉例：

700W為基準，加熱1分鐘，換算成800W的加熱時間 (700/800)×60秒＝52.5秒，四捨五入則為53秒，表格則以55秒計算

700W為基準，加熱3分鐘，換算成900W的加熱時間 (700/900)×180秒＝140.4秒，四捨五入則為140秒，也就是2分20秒

咖哩炸雞塊

用微波爐做炸雞不用煩惱油炸後剩下的餘油
該怎麼處理，只需少少油，輕鬆又方便。

材料　**3～4人份**

去骨雞腿肉 …350公克

麵粉 ……4大匙

太白粉 ……4大匙

炒菜油 …… 適量

調味料

醬油 ……1大匙

米酒 ……1小匙

糖 ……1小匙

咖哩粉 ……1大匙

蒜頭　　2瓣，切碎

雞蛋 ……1顆

1

將去骨雞腿肉切成2公分塊狀，加入醬油、米酒、糖、咖哩粉、蒜末混合均勻

Note 不加咖哩粉就是原味炸雞

2

再拌入雞蛋，醃約至少1小時，備用

3

將麵粉、太白粉放入保鮮袋中混合均勻，成為炸雞裹粉，備用

4

將醃入味的雞肉，分次放入做法3的裹粉袋裡

5

袋口扭緊後，上下左右搖晃，使雞肉均勻裹上粉

Note 取出時要輕抖掉多餘裹粉，這樣才不會吃到厚厚的麵皮喔

6

以雞皮朝下的方式，放在墊有2張廚房紙巾的盤上，並在雞肉表面沾上少少的炒菜油

雞皮朝下加熱時才不會油爆，墊廚房紙巾則可以吸油

7

放入微波爐裡，功率700W 先加熱3分鐘，接著再加熱3分鐘，即完成

Note 雞肉的大小會影響加熱時間，越小塊則要依情況縮短每次加熱的時間

小米桶的貼心建議

◎ 用微波爐做炸雞，酥脆效果雖然沒有油炸的好，但是仍具有炸雞風味，肉質也較不易緊縮變硬，只需少少油，不失為一個好方法！

◎ 微波爐功率不同、食材體積與份量不同、剛從冰箱冷藏取出 …. 等等，加熱的時間會受到影響而不同喔

微波爐的加熱時間

功率 700W：3 分 +3 分

功率 800W：2 分 40 秒 +2 分 40 秒

功率 900W：2 分 20 秒 +2 分 20 秒

臘味蘿蔔糕

港式蘿蔔糕比台式的要軟，且糕體明顯可見到蘿蔔，
我喜歡直接蒸熟，淋上蒜味醬油膏或 XO 醬，
再撒上蔥花或香菜末，簡單清爽。

材料　**4人份**

白蘿蔔	…… 去皮後300公克
蝦米	……2大匙
臘腸	……1根，可用台式香腸
滾水	……100毫升
清水	……85毫升

粉漿材料

再來米粉	……50公克
澄粉	……25公克
白糖	……1小匙
鹽	……1/4小匙
白胡椒粉	……1/6小匙
香油	……1大匙

1

蝦米洗淨瀝乾水份，蓋上微波專用蓋，功率700W加熱40秒；臘腸切小丁，蓋上微波蓋，功率700W加熱30秒，備用

Note 蝦米加熱至乾燥，香味更足

2

將白蘿蔔洗淨去皮後，切成0.5公分寬的條狀，備用

切條狀蒸好的蘿蔔糕可以吃到整塊的蘿蔔喔

3

將白蘿蔔放入微波專用碗，淋入份量外1大匙的水，蓋上微波專用蓋，功率700W加熱6分鐘，蓋子繼續蓋著在微波爐裡保溫，備用

4

將粉漿材料(除了香油)，加入清水85毫升混合均勻

5

加入香油、做法1的蝦米與臘腸，再邊攪拌邊加入滾水100毫升

6

再將白蘿蔔放入做法5的粉漿裡

7

混合均勻

8

再倒入微波專用的方型或圓型容器

Note 我用的是微波用玻璃保鮮盒

9

放入微波爐，在玻璃盒底下墊2隻竹筷子，蓋上微波專用蓋或耐熱保鮮膜

Note 微波爐蘿蔔糕最難熟的是底部的中間，所以蘿蔔糕越薄越易熟

10

功率700W加熱10分鐘，即完成

Note 港式的蘿蔔糕要等完全冷卻後，切時才不會散掉；冰箱冷藏一夜，更適合切片入鍋煎

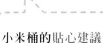

小米桶的貼心建議

白蘿蔔要挑重實的，表示多水不空心，若白蘿蔔帶苦味，則可加點糖，當然最好還是用清甜的蘿蔔啦，天氣越冷，蘿蔔就越清甜

微波爐的加熱時間

功率700W：40秒＋30秒＋6分＋10分

功率800W：35秒＋25秒＋5分15秒＋8分45秒

功率900W：30秒＋23秒＋4分40秒＋7分50秒

◯
◯ 小米桶的貼心建議

◎ 配料可以自由變化，比如：玉米粒

◎ 微波爐功率不同、食材份量不同、剛從冰箱冷藏取出 …… 等等，
加熱的時間會受到影響而不同喔

微波爐的加熱時間
功率 700W：30 秒 +1 分 +30 秒 +30 秒 +30 秒
功率 800W：25 秒 +55 秒 +25 秒 +25 秒
功率 900W：23 秒 +45 秒 +23 秒 +23 秒

番茄火腿歐姆蛋

誘人的歐姆蛋 (omelette) 做法很簡單，
滑嫩雞蛋加上過熱融化的起司與番茄，
香濃滑嫩的口感，再搭配清脆生菜，好吃又營養。

材料　1人份

洋蔥 ……30 公克	牛奶 ……2 大匙
火腿 ……1 片	起司絲 ……10 公克
小番茄 ……3～4 顆	鹽和黑胡椒粉 …… 適量
雞蛋 ……2 顆	奶油 ……1 小匙

1

將洋蔥切成細絲；火腿切絲；小番茄切厚片狀，備用
Note 洋蔥要切細一點較易熟，甜度也較能釋放出來

2

洋蔥細絲加入奶油，放入微波爐，蓋上微波專用蓋，功率 700W 加熱 30秒，取出翻拌均勻，備用

3

將雞蛋加入牛奶、少許鹽攪打均勻

4

再放入洋蔥絲、火腿絲、小番茄、起司絲、黑胡椒粉混合均勻

5

取一個稍有深度的盤子，墊上烘焙紙，再倒入做法 4 的蛋液，放入微波爐，蓋上微波專用蓋，功率 700W 加熱 1 分鐘

6

取出拌一拌，放回微波爐加熱 30 秒，再取出拌一拌，放回微波爐加熱 30 秒
盡量將外圍較熟的蛋往中間撥動，蛋的熟度會較均勻

7

取出將烘焙紙對折，輕輕按壓定型，再放回微波爐加熱 30 秒
Note 若已達到想要的熟度，可停止加熱，利用餘溫將蛋的內部持續燜熟

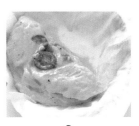

8

蓋著微波專用蓋靜置約 3～5 分鐘，讓餘溫將蛋的內部持續燜熟，即可取出盛盤，淋上番茄醬即完成

奶油花椰菜

微波爐做奶油白醬省時又簡單，成功率非常高。
只要把麵糊拌勻放進微波爐加熱即可，完全不用擔心麵粉是否會結粒。

小米桶的貼心建議

◎ 花椰菜可以替換其他的蔬菜，比如：大白菜、南
　瓜、馬鈴薯

◎ 完成的白醬也可以用來做焗飯、焗麵

◎ 微波爐功率不同、食材份量不同、剛從冰箱冷藏
　取出 .... 等等，加熱的時間會受到影響而不同喔

微波爐的加熱時間

功率700W：　1分40秒 ＋50秒 ＋1分40秒 ＋1分40秒
　　　　　　 ＋1分40秒 ＋1分40秒

功率800W：　1分30秒 ＋45秒 ＋1分28秒 ＋1分30秒
　　　　　　 ＋1分30秒 ＋1分30秒

功率900W：　1分20秒 ＋40秒 ＋1分20秒 ＋1分20秒
　　　　　　 ＋1分20秒 ＋1分20秒

材料　4人份

中筋麵粉
　　……1又1/2大匙
奶油 ……20公克
牛奶 ……250毫升
綠花椰菜 ……250公克
培根 ……3片
鹽和黑胡椒粉 …… 適量

蒜香酥脆麵包粉

麵包粉 ……1大匙
炒菜油或橄欖油
　　……1小匙
蒜頭 ……1瓣，磨泥
鹽、糖、黑胡椒粉
　　…… 少許

1

將蒜香酥脆麵包粉材料混合均勻，放入微波爐700W加熱1分40秒，再取出翻拌均勻，備用

2

取一微波用玻璃碗放入麵粉與奶油，蓋上微波專用的蓋子，微波爐700W加熱50秒

3

取出，將融化的奶油麵粉翻拌均勻

Note 也可以加入蒜泥增加香氣

4

將牛奶分多次加入奶油麵粉裡混合均勻

5

每加一次牛奶要拌至融合後才可再加入，直到牛奶用完

6

放回微波爐，蓋上微波專用的蓋子，700W加熱1分40秒，取出翻拌均勻

7

加入鹽、黑胡椒粉調整味道，再放進微波爐蓋上微波蓋，700W加熱1分40秒，取出翻拌均勻，即為白醬，備用

8

將花椰菜切小朵洗淨，放入微波用玻璃碗，再放上切小塊的培根，加入份量外1大匙的清水，蓋上微波蓋，以700W加熱1分40秒

9

將熟花椰菜裡多餘的湯汁倒掉，加入白醬拌勻，放回微波爐，蓋上微波蓋，700W加熱1分40秒

10

最後再撒上蒜香酥脆麵包粉，即完成

微波爐水波蛋

用微波爐做水波蛋簡單又快速，只要1分鐘就能完成，而且煮出來的水波蛋外型會因為蛋落到碗底圓圓的很漂亮喔！

材料 1人份

雞蛋 ……1顆
冷開水 ……3大匙
牙籤 ……1支

搭配食材

烤酥的麵包、培根與生菜
適量的鹽和黑胡椒粉

1

取一個微波專用的耐熱碗，先加入3大匙的冷開水，再打入雞蛋，並用牙籤在蛋黃上戳1～2下
牙籤在蛋黃上戳洞，可防止微波加熱時蛋黃爆炸

2

蓋上微波專用的保鮮膜或蓋子，放入微波爐

3

功率700W先加熱30秒，再次加熱30秒，即完成水波蛋。再搭配烤酥的麵包、培根與生菜食用
Note 若想吃熟一點，可再延長加熱時間約5～10秒

小米桶的貼心建議

◎ 也可以加入冷開水後放入一片培根延著碗圍成一圈，再打入雞蛋並戳洞，再微波加熱，即成為培根水波蛋

◎ 可在冷開水裡加入少許的鹽，微波完成的蛋會帶有鹹味，或是等食用時再撒鹽也行

◎ 希望蛋黃稍微熟一點，加熱後可跟著水留在碗裡一段時間，利用餘溫燜熟，或是降低微波功率再加熱一下就好

微波爐的加熱時間

功率 700W：30 秒 +30 秒
功率 800W：25 秒 +25 秒
功率 900W：23 秒 +23 秒

紅燒雞腿排

用微波爐做紅燒雞腿排不用擔心廚房會有油煙，
而且雞肉鮮嫩多汁又入味。

材料　2人份

去骨雞腿（含腿排）
　……2隻，約500公克

調味料

醬油 ……3大匙
米酒 ……2大匙

糖 ……1大匙
蒜頭 ……2瓣，切碎
薑 ……2片，切碎
香油 ……1小匙
太白粉 ……1小匙

1

雞腿肉洗淨後用廚房紙巾擦乾水份，在肉厚處及筋部用刀劃幾下，備用
Note 筋切斷可避免雞腿緊縮，也較易煮熟與入味

2

先將醬油、米酒、糖、蒜碎、薑碎與雞腿肉抓拌數十下，再靜置醃約20分鐘
Note 將肉抓碼可幫助入味，讓肉鮮嫩帶汁

3

醃好後，拌入香油與太白粉，備用
Note 醃肉要分次序，先加調味料讓肉入味，才拌入香油、太白粉封住味道與肉汁

4

放入微波爐，在玻璃碗底下墊2隻竹筷子，蓋上微波專用蓋
玻璃碗底下墊2隻竹筷子，可幫助底部食材受熱均勻

5

功率700W先加熱4分鐘，取出翻面，再放回微波爐，加熱3分鐘，即完成

小米桶的貼心建議

◎ 可以將雞皮去除或只保留一小部份雞皮增香，這樣微波完成的紅燒雞腿排會較不油膩

◎ 雞肉也可以切成2.5公分塊狀，拌入洋蔥細絲，就是洋蔥風味的紅燒雞塊

◎ 微波爐功率不同、食材份量不同、剛從冰箱冷藏取出 …… 等等，加熱的時間會受到影響而不同喔

微波爐的加熱時間

功率700W：4分＋3分
功率800W：3分30秒＋2分40秒
功率900W：3分10秒＋2分20秒

健康低脂薯片

用微波爐也能做薯片,只要撒入各種的調味料,
就能變化出許多口味的薯片,完全無油非常的健康。

材料 **2 人份**

地瓜 ⋯⋯1 條

馬鈴薯 ⋯⋯1 個

鹽 ⋯⋯ 適量

1

將地瓜與馬鈴薯去皮洗淨後，切成薄片，或是用刨刀刨出薄片

2

再泡入清水中，將表面的澱粉洗去，多換幾次水，直到水是清的

洗去表面的澱粉，薯片口感會較酥脆，且微波加熱時，才不會沾黏住微波轉盤

3

用乾淨棉布或廚房紙巾將水份擦乾

Note 若使用廚房紙巾，濕了可將水份擰乾，即可繼續重復將薯片水分吸乾

4

將薯片不重疊的排在微波轉盤上，並撒上少許的鹽

Note 也可以撒上咖哩粉、黑胡椒粉、辣椒粉，做出不同的口味

5

放入微波爐，功率700W先加熱4分鐘

6

取出翻面，再放回微波爐，每次加熱1分鐘，直到薯片酥脆為止

Note 可以來回翻面加熱，我用700W加了2次1分鐘

7

馬鈴薯的做法也是相同

Note 建議吃多少做多少，較能保有酥脆的口感

小米桶的貼心建議

◎ 薯片加熱的時間會因地瓜、馬鈴薯的直徑，以及切片的薄厚度而有所不同，所以要依實際情況分次加熱，直到酥脆為止

◎ 因地瓜含有較多糖份，所以微波完成後會較快回潮，馬鈴薯做的薯片，若在密閉性好的盒子裡，約2～3天內可保持酥脆狀態

微波爐的加熱時間

功率700W：4分 +1分 + 重復直到酥脆

功率800W：3分30秒 +1分 + 重復直到酥脆

功率900W：3分10秒 +1分 + 重復直到酥脆

馬克杯
奶油玉米燉飯

將市售的杯湯包加入牛奶，再與米飯
一起放入馬克杯裡，只要5分鐘就能完成
奶味香濃的燉飯囉！

材料　1人份

市售奶油玉米杯湯包 ……1包	巴西里(Parsley)碎末 …… 少許
牛奶 ……180毫升	黑胡椒粉 …… 少許
米飯 ……150公克	320毫升馬克杯或 微波用碗 ……1個
玉米粒 ……3大匙	
起司絲 …… 適量	

1

將牛奶放入微波爐，功率700W加熱20秒，取出加入奶油玉米杯湯包混合均勻，備用

2

將米飯放入馬克杯或微波用碗，撒上玉米粒，倒入做法1的奶油玉米濃湯

3

再撒上起司絲，放入微波爐，蓋上微波專用的蓋子，功率700W加熱1分40秒

4

取出撒上少許的巴西里碎末、黑胡椒粉，即完成

小米桶的貼心建議

◎ 可以將牛奶放入馬克杯微波加熱後，倒入杯湯包拌勻，再直接放入米飯、玉米粒，撒上起司絲，再微波加熱

◎ 奶油玉米杯湯包可以替換成其他口味，比如：奶油蘑菇杯湯包

微波爐的加熱時間

功率700W：20秒＋1分40秒

功率800W：18秒＋1分30秒

功率900W：15秒＋1分20秒

麻婆豆腐

麻婆豆腐可說是家庭的常備菜，
只要有絞肉、嫩豆腐與辣豆瓣醬就能搞定，
鹹香開胃，會讓人多吃一碗飯。

材料 2-3人份

嫩豆腐……1盒	調味料
豬絞肉……150公克	醬油……1小匙
蒜末……1小匙	米酒……1大匙
薑末……1/2小匙	糖……2小匙
辣豆瓣醬……1大匙	太白粉……1小匙，
炒菜油……1大匙	加少許水拌成太白粉水
蔥……2支，蔥白蔥綠	香油……1小匙
分開，切成蔥花	

1

將蒜末、薑末、蔥白、辣豆瓣醬加入1大匙炒菜油，放入微波爐，蓋上微波專用蓋，功率700W加熱30秒

2

取出攪拌均勻，備用
將蒜末、薑末、蔥白、辣豆瓣醬加熱過香氣更足

3

將豬絞肉加入醬油、米酒、糖、做法2的蒜薑辣豆瓣醬

4

混合均勻

5

放入微波爐，蓋上微波專用蓋，功率700W加熱2分鐘，取出翻拌成鬆散狀，備用

6

嫩豆腐切成2公分方塊，瀝乾水份，再加入做法5的肉末，淋入太白粉水

7

放入微波爐，功率700W加熱2分30秒，取出淋上香油，並輕輕的翻動攪拌均勻，再撒上蔥綠即完成

○
○ 小米桶的貼心建議

微波爐的加熱時間
功率700W：30秒 +2分 +2分30秒
功率800W：25秒 +1分45秒 +2分10秒
功率900W：23秒 +1分35秒 +1分55秒

小米桶的貼心建議

◎ 若是要當早餐，可以前一晚先把吐司加入蛋液後，整個杯子用保鮮膜封好，放入冰箱冷藏，隔天早上再取出微波加熱；因為是直接從冰箱取出，麵包與蛋液是冰涼的狀態，所以加熱的時間要增長

◎ 若是使用320毫升馬克杯，只做1份，可以直接將雞蛋、糖、牛奶在杯子裡拌勻，再放入吐司與巧克力

◎ 微波爐、馬克杯或是烤皿都會影響加熱的時間，所以加熱完成後，取出檢查，若凝固狀況還未達到9分熟，則再繼續加熱，每次以10~30秒為基礎，等掌握了家中微波爐用馬克杯做布丁所需的時間後，記錄下來，以後就有依據的時間了

微波爐的加熱時間
功率700W：1分 +40秒 +40秒
功率800W：55秒 +35秒 +35秒
功率900W：45秒 +30秒 +30秒

馬克杯
巧克力麵包布丁

只要一個馬克杯，放入雞蛋與牛奶拌勻，
再放入吐司麵包，就可吃到美味的麵包布丁囉！

材料 **1~2份**

吐司……1片
巧克力… 切小丁1大匙
雞蛋……1顆
白糖……2小匙
牛奶……100毫升
肉桂粉…… 少許
320毫升馬克杯1個，
　或170毫升烤皿2個

1
將吐司切成16小塊，備用
Note 可用各種麵包，比
如：木棍麵包、可頌麵包、
或是葡萄乾吐司

2
將巧克力切成小丁，備用
Note 巧克力可替換成葡
萄乾、新鮮藍莓、香蕉，
但蛋液裡的糖要再加1小
匙，甜度才夠

3
雞蛋加入白糖攪拌均勻
後，再加入牛奶混合均勻

4
將吐司與巧克力放入馬克
杯或是烤皿
Note 吐司與巧克力要交錯
擺放，這樣吃起來味道才
均勻

5
再倒入牛奶蛋液

6
靜置約10分鐘，讓吐司充
份的吸收蛋液
放置的時間越長，麵包越能
充分的吸收蛋液，則布丁的
口感越好

7
放入微波爐，功率700W
先加熱1分鐘，再加熱40
秒，再一次加熱40秒，
取出檢查若凝固狀況還未
達到8~9分熟，則再繼
續加熱，每次以10~30
秒為基礎
Note 麵包布丁要分次加
熱，以避免過度膨脹溢出
蛋汁

8
將微波加熱完成的麵包布
丁靜置約5分鐘，再撒少
許的肉桂粉，即完成
Note 靜置約5分鐘可讓內
部的蛋液繼續熟成

小米桶的貼心建議

◎ 湯匙量材料份量時要平匙，不可以像座小山，份量變多就不準確囉

◎ 麵糊在加熱途中就溢出，請檢視使用的杯子容量，若杯子沒問題，
  材料份量也沒問題，請將泡打粉減量

◎ 我會故意縮短加熱的時間約 10 秒，讓底部留一些未成型的熟麵糊
  可以當作蘸醬 (我稱作山寨版卡士達醬) 蛋糕沾著醬的口感很棒喔

微波爐的加熱時間
功率 700W：25 秒 +1 分 50 秒
功率 800W：20 秒 +1 分 35 秒
功率 900W：20 秒 +1 分 25 秒

馬克杯香蕉蛋糕

馬克杯香蕉蛋糕小小 **1** 杯，份量少、即做即吃，
不用擔心吃不完或吃過多造成負擔。
做方是參考大境出版的「**5分鐘馬克杯蛋糕 Mug
Cakes**」，第 **8** 頁的香草馬克杯蛋糕，我則加入了香
蕉，變化成香蕉蛋糕。

材料 **1～2份**

香蕉 ……1根	香草精 ……1/8小匙
融化奶油 ……30公克	低筋麵粉 ……5大匙
雞蛋 ……1顆	泡打粉 1/2小匙
白糖或黃砂糖 ……2大匙	320毫升馬克杯1個，
優格 ……1人匙	或170毫升烤皿2個

1

將1/2根的香蕉用叉子壓
成泥狀
Note 用叉子壓泥簡單方便

2

另1/2切成小丁狀
香蕉泥可讓蛋糕的香蕉味較
明顯，香蕉丁則增加口感

3

將奶油放入微波爐，功
率 700W 加熱25秒融化
後，加入雞蛋、糖、優格、
香草精，混合均勻
Note 若只做成1人份，直
接使用馬克杯拌麵糊即可

4

再加入預先混合均勻並過
篩的麵粉與泡打粉
Note 不要過度攪拌，以避
免口感變不好，若麵糊中
帶有細細的顆粒沒關係，
加熱後就會消失

5

再加入香蕉泥與香蕉丁

6

輕輕的混合均勻

7

將麵糊倒入170毫升的烤
皿或杯子，2杯

8

放入微波爐，功率700W
加熱1分50秒，即完成，
準備開動囉
Note 可在表面放上優格與
香蕉片做裝飾

麥香雪花糕

冰冰涼涼的麥香雪花糕，濃郁的奶味在嘴裡化開。
用微波爐製作，變得更簡單易上手喔。

材料 **18公分×12公分**
方形盤，4人份

即食麥片　　35公克
玉米粉 ……10公克
砂糖 ……40公克
牛奶 ……300毫升
椰子粉（椰蓉）…… 適量

1

將即食麥片、玉米粉、砂糖、牛奶混合均勻

2

放入微波爐，蓋上微波專用蓋，或是微波專用的耐熱保鮮膜

3

功率700W先加熱2分鐘，取出稍微攪拌

4

再放回微波爐，蓋上微波專用蓋，加熱2分鐘，取出稍微攪拌

5

再放回微波爐，蓋上微波專用蓋，加熱2分鐘

6

取出攪拌均勻後，倒入墊有烘焙紙的方形盤裡，用橡皮刮棒抹平

小米桶的貼心建議

椰子粉可替換成芝麻粉，或是熟黃豆粉

微波爐的加熱時間
功率700W：2分+2分+2分
功率800W：1分45秒+1分45秒+1分45秒
功率900W：1分35秒+1分35秒+1分35秒

7

再覆蓋住一張烘焙紙，使其緊密貼住麥片糊，靜置冷卻後放入冰箱，冷藏至冰涼
覆蓋烘焙紙可預防麥片糊的表面，因接觸到空氣而乾燥變硬

8

切成小塊，再均勻沾裹上椰子粉，即完成

草莓大福

Q彈可口的麻糬外皮，甜美的紅豆內餡，以及微酸的草莓滋味，
有如夢幻般的多層次口感。

小米桶的貼心建議

◎ 太白粉可以替換成椰子粉，或是市售
　做日式點心用的熟黃豆粉

◎ 草莓約中型的大小，太大會不好操作

微波爐的加熱時間

功率 700W：1 分 +1 分 +1 分

功率 800W：55 秒 +55 秒 +55 秒

功率 900W：45 秒 +45 秒 +45 秒

材料　6個

太白粉 ⋯⋯ 3大匙
草莓 ⋯⋯ 6個
紅豆沙 ⋯⋯ 120公克

外皮

糯米粉 ⋯⋯ 80公克
牛奶或清水 ⋯ 120毫升
白糖 ⋯⋯ 20公克

1

將太白粉放入微波爐加熱
1分鐘，取出過篩，即為
外層裹粉，備用

2

草莓洗淨，將水份完全擦
乾，紅豆沙分成6等份，
搓成球狀

3

再將草莓用紅豆沙包起
來，備用
Note 頂端可露出一些草
莓，完成的大福頂端會透
出淡淡的粉色較美觀

4

將外皮材料混合均勻

5

放入微波爐，蓋上微波專
用蓋，功率700W 先加熱
1分鐘

6

取出稍微攪拌後，再放回
微波爐，加熱1分鐘

7

取出，用擀麵棍攪拌均勻，
等不燙手後分成6等份
可加入1小匙淡色無味道的
油(比如：菜籽油)，讓外皮
較不黏手更好操作

8

取一張保鮮膜墊底，放上
一份做法7的外皮，再蓋
上一張保鮮膜，將外皮推
開成圓餅狀
Note 若外皮會沾黏保鮮
膜，可抹上極少量的油

9

拿掉上頭覆蓋的保鮮膜，
再放上做法3的豆沙草莓
Note 露出草莓那端要朝下

10

再將保鮮膜收起，讓外皮
整個包入豆沙草莓

11

撒上做法1的熟太白粉，
再用毛刷刷掉多餘的粉(手
輕拍亦可)，續將所有草莓
大福製作完畢，即完成

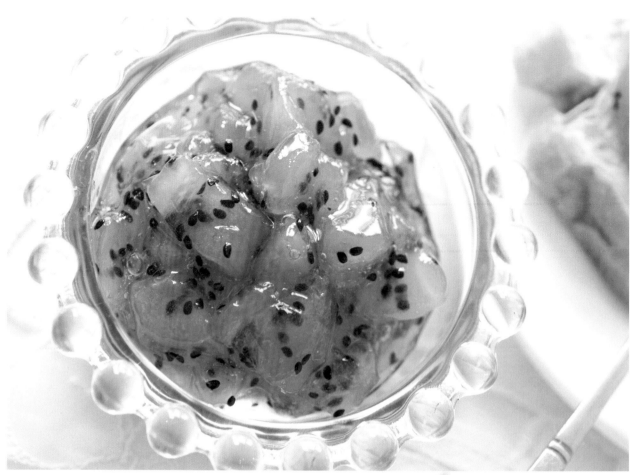

奇異果果醬

做果醬不一定要顧著爐火慢慢熬煮，
利用微波爐就能快速做好果醬。
自製的果醬安全、健康，也能控制甜度，
現做現吃，新鮮又對身體無負擔。

材料 4人份
奇異果 …… 去皮後
　　150公克
白糖 ……50公克
檸檬汁 ……1小匙

1

將奇異果去皮切成1公分
塊狀，再加入白糖與檸檬
汁混合均勻

Note 不要切過於大塊，微
波時間會增長，若微波時
間不夠，果醬味道不好也
不容易保存

2

靜置約30分鐘，使其釋
放出果膠

Note 盛裝的微波專用容器
要大一點，否則加熱時會
溢出

3

放入微波爐，不加蓋，功
率700W 先加熱5分鐘，
取出稍微翻動攪拌

Note 若表面有浮泡，要用
湯匙撈掉

4

再放回微波爐，不加蓋，
功率700W 加熱5分鐘，
即完成

Note 果醬冷卻後放入冰箱
冷藏可保存約1～2週

同場加映

草莓果醬

材料 2人份
草莓 …… 去蒂頭後
　　100公克
白糖 ……40公克
檸檬汁 ……2小匙

1

草莓洗淨將水份完全擦乾
後，切成1公分塊狀，再
加入白糖與檸檬汁混合
均勻

2

靜置約30分鐘，使其釋
放出果膠

3

放入微波爐，不加蓋，功
率700W 先加熱5分鐘，
取出稍微翻動攪拌。再放
回微波爐，不加蓋，功率
700W 加熱5分鐘，即可

小米桶的貼心建議

◎ 微波爐果醬簡單快速，建議少量製作新鮮吃，也能隨
　時變換不同的水果做果醬
◎ 奇異果加熱後酸度較高，所以第一次做時糖量不要減，
　之後再依可接受的甜度來減糖
◎ 微波爐功率不同、食材份量不同、剛從冰箱冷藏取
　出 …… 等等，加熱的時間會受到影響而不同喔

微波爐的加熱時間
功率 700W：5 分 +5 分
功率 800W：4 分 25 秒 +4 分 25 秒
功率 900W：3 分 55 秒 +3 分 55 秒

Index
關鍵重點索引

Kitchen Blog

小小米桶的廚房教科書

152個廚房Q&A，845個精準Step，善用小家電，單身料理輕鬆 ╳ 全家享用滿足！

作者　吳美玲

出版者 / 出版菊文化事業有限公司　P.C. Publishing Co.

發行人　趙天德

總編輯　車東蔚

文案編輯　編輯部　美術編輯　R.C. Work Shop

攝影　吳美玲

台北市雨聲街77號1樓

TEL：（02)2838-7996　　FAX：（02)2836-0028

法律顧問　劉陽明律師　名陽法律事務所

初版日期　2014年11月

定價　新台幣420元

ISBN-13：9789866210310　　書　號　K13

讀者專線　　（02）2836-0069

www.ecook.com.tw

E-mail　service@ecook.com.tw

劃撥帳號　19260956 大境文化事業有限公司

小小米桶的廚房教科書

152個廚房Q&A，845個精準Step，，善用小家電，單身料理輕鬆 ╳ 全家享用滿足！

吳美玲　著 初版. 臺北市：出版菊文化，2014[民103]

192面；19×26公分. ----（Kitchen Blog系列；13）

ISBN-13：9789866210310

1.食譜　2.烹飪

427.1　　　　103021657

小小米桶的廚房教科書

請您填妥以下回函，免貼郵票投郵寄回，除了讓我們更了解您的需求外，
更可獲得大境文化&出版菊文化一年一度會員獨享購書優惠！

1. 姓名：
   姓別：□男 □女　年齡：　　　教育程度：　　　職業：
   連絡地址：□□□　　　縣市　　　　　　　　　　書店/量販店
   傳真：　　　　　　　　電子信箱：

2. 您從何處購買此書？
   □書展　□郵購　□網路　□其他

3. 您從何處得知本書的出版？
   □書店　□報紙　□雜誌　□書訊　□廣播　□電視　□網路
   □親朋好友　□其他

4. 您購買本書的原因？（可複選）
   □對主題有興趣　□生活上的需要　□工作上的需要
   □價格合理（如果不合理，您覺得合理價錢應 $　　　）
   □除了食譜以外，還有許多豐富有用的資訊
   □版面編排　□拍照風格　□其他

5. 您經常購買哪些主題的食譜書？（可複選）
   □中菜　□中式點心　□西點　□歐美料理（請舉例）
   □日本料理　□亞洲料理（請舉例）
   □飲食文化　□烹飪問答集　□其他

6. 什麼是您決定是否購買食譜書的主要原因？（可複選）
   □主題　□價格　□作者　□設計編排　□其他

7. 您最常選擇的食譜書作者/老師？為什麼？

8. 您會購買的食譜書有哪些？

9. 您希望我們未來出版何種主題的食譜書？

10. 您認為本書尚須改進之處？以及您對我們的建議？

廣　告　回　信
台灣北區郵政管理局登記證
北 台 字 第 1 2 2 6 5 號
免　貼　郵　票

台北郵政 73-196 號信箱

大境（出版菊）文化　　收

姓名：　　　　　電話：
地址：